Sequitur clades – Die Vigiles im antiken Rom

Studien zur klassischen Philologie

Herausgegeben von Prof. Dr. Michael von Albrecht

Band 146

Peter Lang
Frankfurt am Main · Berlin · Bern · Bruxelles · New York · Oxford · Wien

Kurt Wallat

Sequitur clades
Die Vigiles
im antiken Rom

Eine zweisprachige Textsammlung

Peter Lang
Europäischer Verlag der Wissenschaften

Bibliografische Information Der Deutschen Bibliothek
Die Deutsche Bibliothek verzeichnet diese Publikation in der
Deutschen Nationalbibliografie; detaillierte bibliografische
Daten sind im Internet über <http://dnb.ddb.de> abrufbar.

Gedruckt auf alterungsbeständigem,
säurefreiem Papier.

ISSN 0172-1798
ISBN 3-631-52473-0
© Peter Lang GmbH
Europäischer Verlag der Wissenschaften
Frankfurt am Main 2004
Alle Rechte vorbehalten.

Das Werk einschließlich aller seiner Teile ist urheberrechtlich
geschützt. Jede Verwertung außerhalb der engen Grenzen des
Urheberrechtsgesetzes ist ohne Zustimmung des Verlages
unzulässig und strafbar. Das gilt insbesondere für
Vervielfältigungen, Übersetzungen, Mikroverfilmungen und die
Einspeicherung und Verarbeitung in elektronischen Systemen.

Printed in Germany 1 2 4 5 6 7

www.peterlang.de

PAULINA
filiae meae

Vorwort

Das vorliegende Buch wäre ohne die Unterstützung zahlreicher Kollegen und Freunde nicht möglich gewesen. Ihnen sei an dieser Stelle herzlich gedankt, ganz besonders Dr. Nathalie de Haan vom Holländischen Institut in Rom und Dr. Günter Reinhart vom Kultusministerium Stuttgart.
Prof. Dr. Volker Michael Strocka, Direktor des Instituts für Klassische Archäologie der Universität Freiburg und mein Doktorvater, gestattete die Nutzung der institutseigenen Bibliothek samt Fotothek und die Publikation diverser Aufnahmen.
Prof. Dr. Dr. Michael von Albrecht ermöglichte die Aufnahme der Monographie in die von ihm betreute Reihe „Studien zur Klassischen Philologie". Hierfür und für viele Gespräche in seinem Hause sowie die kritische Durchsicht des Manuskriptes möchte ich mich herzlich bedanken.

Die Feuerwehr Tannenkirch (eine Abteilung der Freiwilligen Feuerwehr Kandern) stand bei Detailfragen zur Brandbekämpfung, die während der vorliegenden Studie immer wieder auftauchten, stets technisch beratend zur Seite. Dafür danke ich besonders Abteilungskommandant Wolfgang Roßkopf und allen Mitgliedern der Feuerwehr Tannenkirch sowie Günter Lenke, Kommandant der Freiwilligen Feuerwehr Kandern.

Der Verlag Peter Lang in Frankfurt ermöglichte die Drucklegung. Dafür sei der Verlagsleitung und allen Mitarbeitern herzlich gedankt.

Meine Familie, insbesondere meine kleine Tochter Paulina, hat den Werdegang der vorliegenden Studie mit reichlich Geduld ertragen müssen. Ich bitte hierfür um Nachsicht.

Inhaltsverzeichnis

I. Einleitung ... 11
II. Der Brand Roms 64 n. Chr. ... 15
   II.1 Antike Quellen zum Brand Roms ... 15
III. Die Stadt Rom und ihre Entwicklung ... 23
   III.1 Das Weichbild der Stadt Rom ... 24
   III.2 Quellen zum täglichen Leben in Rom ... 29
IV. Das Feuerwehrwesen im antiken Rom ... 41
   IV.1 Schadensfeuer in Rom ... 41
   IV.2 Feuerwehrwesen der spät. Republik u. früh. Kaiserzeit ... 46
   IV.3 Einrichtung einer „Berufsfeuerwehr" durch Augustus ... 51
   III.4 Politische Gründe für die Schaffung der Vigiles ... 60
   III.5 Freiwillige Feuerwehren ... 68
IV. Anmerkungen zu Architektur und Inventar röm. Bauten ... 71
   IV.1 Wohnhaus ... 71
   IV.2 Villa ... 73
   IV.3 Mietshaus und Wohnblock ... 83
   IV.4 Weitere Unterkünfte ... 88
   IV.5 Öffentliche Gebäude und Anlagen ... 89
      Forum Romanum ... 90
      Forum des Augustus und Mars-Ultor-Tempel ... 91
      Diribitorium ... 93
   IV.6 Gewerblich genutzte Gebäude ... 95
      Handelsgebäude ... 95
      Mercati Traiani ... 97
      Thermen ... 99
   IV.7 Inventar römischer Häuser ... 102
V. Ursachen für Schadensfälle ... 105
   V.1 Fahrlässigkeit ... 105
   V.2 Gebäudeeinsturz ... 106
   V.3 Natürliche Ursachen ... 111
   V.4 Naturkatastrophen ... 114
   V.5 Wald- und Buschbrände ... 123

V.6 Brandstiftung 125
V.7 Krieg 130
VI. Antiker Brandschutz 135
  VI.1 Wasserversorgung und Verteilung 135
  VI.2 Vorbeugende Schutzmassnahmen 140
    Gebäudeschutz 140
    Flucht- und Rettungswege 144
  VI.3 Staatliche Hilfsmaßnahmen 149
VII. Ausstattung und Löschtechnik: 155
  VII.1 Unterkünfte 155
    Cohortium Vigilum Stationes in Rom 155
    Excubitorium 156
    Caserma dei Vigili in Ostia 158
  VII.2 Löschgeräte 159
    Schläuche 161
    Essig 161
    sipho - die Feuerspritze 162
    hama - der Feuereimer 165
    dolabra - das Feuerwehrbeil 166
    serra - die Säge 166
    scala - die Leiter 167
    Seile und Leinen 169
    centones - Filzdecken: 170
    pertica - der Einreißhaken 171
  VII.3 Gefahren beim Löscheinsatz 171
  VII.4 Löschtechnik 174
VIII. Anmerkungen zu den zitierten Quellen 181
IX. Anhang 195
  Index 197
  Abbildungsnachweis 203

I. Einleitung

Subiectisque ignibus atris conditur in tenebras altum caligine caelum

Düstere Flammen schwelten darunter und tauchten qualmend den Himmel in Dunkel

(Vergil, Aeneis XI, 186 - Übersetzung D. Ebener)

Warum eine Monographie über die Vigiles, die „Feuerwehr" des kaiserzeitlichen Rom? Zahlreiche antike Autoren bedienen sich der Thematik „Feuer", „Unglück", „Katastrophe". Da ihre Werke den unterschiedlichsten literarischen Gattungen angehören, verwenden sie dieses Sujet auch ganz individuell, um bestimmte Gefühlslagen überaus anschaulich zu umschreiben, um Gefahren des täglichen Lebens zu illustrieren oder um einfach zu informieren.

Tacitus, Seneca oder Plinius d. J. schildern scheinbar wissenschaftlich nüchtern solche Ereignisse. Augustus zielt in seinem Tatenbericht mit der Erwähnung eines Großfeuers und der daraus resultierenden staatlichen Massnahmen auf die politische Wirkung.

Martial und besonders Juvenal nutzen die mit Unglücken assoziierten Topoi, um mit spitzer Feder die Missstände der Gesellschaft zu illustrieren und anzuprangern. Bei Petronius sprengen tumbe Feuerwehrgesellen eine feuchtfröhliche Runde, der Protagonist bei Apuleius wird Opfer eines derben Scherzes mit glühenden Kohlestücken. Vergil und Ovid schließlich vergleichen das Phänomen der Liebe mit physikalischen Vorgängen, wie sie im Zusammenhang mit Feuer auftreten:

Die Vigiles von Rom

At regina gravi iamdudum saucia cura
volnus alit venis et caeco carpitur igni.

Aber die Königin, längst schon wund von quälendem Sehnen
nährt mit Herzblut die Wunde, verzehrt von heimlichem Feuer.

(Vergil, Aeneis IV, 1-2 - Übersetzung J. Götte)

Flammen als Teil unaussprechlichen Schreckens schildert Vergil in jener Szene, in der Dido erkennen muss, dass Aeneas sie verlassen und seinen Weg nach Italien fortsetzen wird:

I, sequere Italiam ventis, pete regna per undas,
spero equidem mediis, si quid pia numina possunt,
supplicia hausurum scopulis et nomine Dido
saepe vocaturum. sequar atris ignibus absens
et cum frigida mors anima seduxerit artus,
omnibus umbra locis adero.

Zieh nach Italien, suche dein Reich auf stürmischer Meerfahrt!
Hoffentlich wirst Du auf See - wenn noch Götter Gerechtigkeit
  [pflegen! -
büßen, von Klippen zerfleischt, und jämmerlich flehend den Namen
Dido rufen. Trotz weiter Entfernung folge mit düstren
Flammen ich dir. Trennt eisig der Tod mir die Seele vom Körper,
will ich als Schatten dich ständig umschweben.

(Vergil, Aeneis IV, 381ff. - Übersetzung D. Ebener)

Ovid beschreibt in seinen Metamorphosen das Ende des Phaëthon, der seinen Vater überlisten konnte, ihm für einen Tag den Sonnenwagen zu überlassen. Alle Warnungen des Sonnengottes waren umsonst, der Sohn konnte das Gefährt nicht in der Spur halten und drohte, den gesamten Erdkreis in Brand zu setzen:

I. Einleitung

Tum vero Phaëthon cunctis e partibus orbem
adspicit accensum nec tantos sustinet aestus.
ferventisque auras velut e fornace profunda
ore trahit, currusque suos candescere sentit;
et neque iam cineres eiectatamque favillam
ferre potest calidoque involvitur undique fumo,
quoque eat, aut ubi sit, picea caligine tectus
nescit et arbitrio volucrum raptatur equorum.

Phaëthon aber sieht da nun entzündet an allen
Enden den Erdkreis, er hält die gewaltige Hitze nicht aus, und
wie aus dem tiefen Schacht einer Esse schöpft er im Atem
feurige Luft und fühlt den Wagen unter sich glühen.
Schon vermag er der Asche emporgeschleuderten Staub nicht
mehr zu ertragen; umwölkt von heißem Rauche, von schwarzen
Schwaden umwoben, weiß er nicht, wohin es ihn führt und
nicht, wo er ist; die Willkür der fliegenden Rosse entrafft ihn.

(Ovid, Metamorphosen II, 227ff. - Übersetzung E. Rösch)

Gerade aus solchen vergleichenden Stellen schimmern ganz alltägliche Erfahrungen mit dem Element Feuer durch, die in der Summe ein Bild vom Umgang mit diesem ergeben und vor allem auch Rückschlüsse auf dessen Bekämpfung erlauben. Die Begleiterscheinungen eines Großfeuers waren den Bewohnern antiker Städte ebenso geläufig wie die kurze Brenndauer von Stroh:

Dixerat ille, et iam per moenia clarior ignis
auditur propiusque aestus incendia volvont.

So sprach er, schon stärker dröhnte das Sausen der Flammen dumpf durch
die Wände, die Feuersbrunst wälzte den Gluthauch noch näher.

(Vergil, Aeneis II, 705-706 - Übersetzung D. Ebner)

Die Vigiles von Rom

Nos quoque floruimus, sed flos erat ille caducus,
flammaque de stipula nostra brevisque fuit.

Ich auch habe geblüht; doch es war hinfällig die Blüte,
und Strohfeuer und nur kurz waren die Flammen bei mir.

(Ovid, Tristia V 8 - Übersetzung A. Berg)

Die vorliegende Studie strebt nicht an, eine grundlegende historische Aufarbeitung der *cohortes vigilum* zu bieten. In diesem Zusammenhang sei auf zwei Standardwerke verwiesen[1].
Sie will vielmehr interdisziplinär mit Hilfe philologischer, althistorischer sowie archäologischer Quellen und Befunde die Thematik „Feuer" und „Feuerwehr" im kaiserzeitlichen Rom näher beleuchten, und dies möglichst aus der Sicht der Vigiles, wobei diese Perspektive als Rekonstruktion bzw. Interpretation des Verfassers zu verstehen ist.

Einen Schwerpunkt bilden lateinische Quellen. Es werden zahlreiche Ausschnitte aus Werken zitiert, manchmal nur Fragmente, aber auch ganze Abschnitte ungekürzt wiedergegeben. Der lateinische Originaltext ermöglicht dem Philologen eine kritische Überprüfung signifikanter Stellen.
Jeder Quelle ist eine deutsche Übersetzung beigestellt, um den Inhalt der zitierten Passagen sofort verfügbar zu machen. Die Studie richtet sich daher ausdrücklich auch an den interessierten Leser, der an lateinischer Sprache und Fragen zur römischen Geschichte interessiert ist und vielleicht nach der Lektüre das Bedürfnis verspürt, seine Kenntnisse auf diesem Gebiet zu erweitern.

---

[1] P. K. B. Reynolds, The vigiles of imperial Rome (1996), unveränderter Neudruck 1996; R. Sablayrolles, Libertinus miles - Les cohortes de vigiles (1996).

II. Der Brand Roms 64 n. Chr.

Was am 19. Juli 64 n. Chr. in Rom geschah, sollte alle bisherigen Brandkatastrophen bei weitem übertreffen, vor allem auch deswegen, weil sich hartnäckig das Gerücht hielt, der zu dieser Zeit regierende Kaiser Nero selbst habe die Stadt anzünden lassen. Das Feuer wütete mehrere Tage und zerstörte einen Großteil des bebauten Gebietes.

II.1 Antike Quellen zum Brand Roms

Tacitus schildert sehr detailliert Ursprung und Ausbreitung des Feuers, die Ereignisse in der Stadt sowie die Schäden an öffentlichen und privaten Bauten:

> *Sequitur clades, forte an dolo principis incertum - nam utrumque auctores prodidere -, sed omnibus, quae huic urbi per violentiam ignium acciderunt, gravior atque atrocior. initium in ea parte circi ortum, quae Palatino Caelioque montibus contigua est, ubi per tabernas, quibus id mercimonium inerat quo flamma alitur, simul coeptus ignis et statim validus ac vento citus longitudinem circi corripuit; neque enim domus munimentis saeptae vel templa muris cincta aut quid aliud morae interiacebat. impetu pervagatum incendium plana primum, deinde in edita assurgens et rursus inferiora populando anteiit remedia velocitate mali et obnoxia urbe artis itineribus hucque et illuc flexis atque enormibus vicis, qualis vetus Roma fuit. ad hoc lamenta paventium feminarum, fessa aetate aut rudis pueritiae, quique sibi quique aliis consulebant, dum trahunt invalidos aut opperiuntur, pars mora, pars festinans, cuncta impediebant. et saepe, dum in tergum respectant, lateribus aut fronte circumveniebantur, vel, si in proxima evaserant, illis quoque igni correptis, etiam quae longinqua crediderant in eodem casu reperiebant. postremo, quid vitarent quid peterent ambigui, complere vias, sterni per agros; quidam amissis omnibus fortunis, diurni quoque victus, alii*

II.1 Antike Quellen zum Brand Roms

Abb. 1: Nero, Marmorporträt

caritate suorum, quos eripere nequiverant, quamvis patente effugio interiere. nec quisquam defendere audebat, crebris multorum minis restinguere prohibentium, et quia alii palam faces iaciebant atque esse sibi auctorem vociferabantur, sive ut raptus licentius exercerent, seu iussu.

Eo in tempore Nero Anti agens non ante in urbem regressus est quam domui eius, qua Palatium et Maecenatis hortos continuaverat, ignis propinquaret; neque tamen sisti potuit, quin et Palatium et domus et cuncta circum haurirentur. sed solacium populo exturbato ac profugo campum Martis ac monumenta Agrippae, hortos quin etiam suos patefecit et subitaria aedificia extruxit, quae multitudinem inopem acciperent; subvectaque utensilia ab Ostia et propinquis municipiis, pretiumque frumenti minutum usque ad ternos nummos. quae quamquam popularia in irritum cadebant, quia pervaserat rumor ipso tempore flagrantis urbis inisse eum domesticam scaenam et cecinisse Troianum excidium, praesentia mala vetustis cladibus adsimulantem.

II. Der Brand Roms 64 n. Chr.

Sexto demum die apud imas Esquilias finis incendio factus, prorutis per inmensum aedificiis, ut continuae violentiae campus et velut vacuum caelum occurreret. necdum positus metus aut redierat plebi spes: rursum grassatus ignis, patulis magis urbis locis; eoque strages hominum minor: delubra deum et porticus amoenitati dicatae latius procidere. plusque infamiae id incendium habuit, quia praediis Tigellini Aemilianis proruperat videbaturque Nero condendae urbis novae et cognomento suo appellandae gloriam quaerere; quippe in regiones quattuordecim Roma dividitur, quarum quattuor integrae manebant, tres solo tenus deiectae, septem reliquis pauca tectorum vestigia supererant, lacera et semusta.

Domuum et insularum et templorum, quae amissa sunt, numerum inire haud promptum fuerit: sed vetustissima religione, quod Servius Tullius Lunae, et magna ara fanumque, quae praesenti Herculi Arcas Euander sacraverat, aedesque Statoris Iovis vota Romulo Numaeque regia et delubrum Vestae cum Penatibus populi Romani exusta; iam opes tot victoriis quaesitae et Graecarum artium decora, exin monumenta ingeniorum antiqua et incorrupta, ut quamvis in tanta resurgentis urbis pulchritudine multa seniores meminerint quae reparari nequibant. fuere qui adnotarent XIIII Kal. Sextiles principium incendii huius ortum, quo et Senones captam urbem inflammaverint. alii eo usque cura progressi sunt, ut totidem annos mensesque et dies inter utraque incendia numerent.

... es war gegenüber allem, was über diese unsere Stadt mit der Gewalt der Feuersbrunst hereingebrochen ist, schwerer und fürchterlicher. Seinen Anfang nahm es in dem Teil des Circus, der an den palatinischen und den caelischen Hügel grenzt: dort, in den Verkaufsbuden, in denen solche Ware lagerte, wie sie den Flammen Nahrung bietet, begann gleichzeitig das Feuer und ergriff sofort, gewaltig lodernd und vom Wind angefacht, die ganze Länge des Circus: denn weder durch Brandmauern geschützte Paläste noch mit Mauern umgebene Tempel oder sonst etwas, was die Flammen aufhalten konnte, lag dazwischen. Mit Ungestüm durchraste der Feuerbrand zunächst die ebenen

II.1 Antike Quellen zum Brand Roms

Stadtteile, stieg dann auf die Anhöhen hinauf und kam, wiederum die tiefer liegenden Gebiete verwüstend, den Abhilfemaßnahmen durch die Schnelligkeit zuvor, mit der das Unheil fortschritt; gefährdet war die Stadt zudem durch die engen Straßen und die sich hin- und herwindenden Gassen mit den unregelmäßigen Häuserreihen, wie eben das alte Rom war. Dazu das Jammergeschrei der verängstigten Frauen; altersschwache Leute oder hilflose Kinder, dann Menschen, die sich selbst, und solche, die anderen helfen wollten, indem sie Kranke wegschleppten oder auf sie warteten, teils unter Zögern, teils in Eile: all dies stand hindernd im Wege. Und oft wurden Leute, während sie nach rückwärts schauten, auf der Seite oder von vorne vom Feuer eingeschlossen oder fanden, wenn sie in die nächsten Gassen entkommen und auch diese vom Feuer erfaßt waren, sogar Straßenzüge, die sie für weit entfernt gehalten hatten, im selben Zustand vor. Schließlich waren sie ratlos, welche Gegend sie meiden, welche sie aufsuchen sollten, füllten die Straßen, warfen sich auf den Feldern zu Boden; einige fanden, nachdem sie ihre gesamte Habe verloren hatten, auch die Mittel für den täglichen Lebensbedarf, andere aus Liebe zu ihren Angehörigen, die sie nicht hatten retten können, den Tod, obwohl ein Fluchtweg offenstand. Und niemand wagte dem Feuer Einhalt zu tun wegen der häufigen Drohungen vieler, die das Löschen verhinderten, und weil andere ganz offen Feuerbrände warfen und schrien, sie hätten einen Auftraggeber, sei es, um hemmungsloser plündern zu können, sei es, weil sie wirklich auf Befehl handelten.

Zu dieser Zeit hielt sich Nero in Antium auf und kehrte nicht eher in die Stadt zurück, als bis sich das Feuer seinem Palast näherte, mit dem er das Palatium und den Park des Maecenas verbunden hatte. Dennoch konnte man die Flammen nicht zum Stehen bringen und verhindern, daß das Palatium, sein Palast und die ganze Umgebung von ihnen verzehrt wurden. Als Trost für die obdachlose, umherirrende Bevölkerung gab er das Marsfeld und die Bauwerke des Agrippa, ja sogar seine eigenen Parkanlagen frei und ließ Behelfsbauten errichten, die die hilflose Menge aufnehmen konnten: man schaffte Lebensmittel aus Ostia und den benachbarten Landstädten herbei, und der Preis für das Getreide wurde bis auf drei Sesterzen heruntergesetzt. So volkstümlich diese Maßnahmen auch waren, sie blieben wirkungslos, weil

II. Der Brand Roms 64 n. Chr.

sich das Gerücht verbreitet hatte, eben zu dem Zeitpunkt, da die Stadt brannte, habe er seine Hausbühne betreten und den Untergang Troias besungen, indem er das gegenwärtige Unheil mit den Katastrophen des Altertums verglich.

Erst am sechsten Tag wurde der Feuersbrunst am Fuß des Esquilin dadurch ein Ende gesetzt, daß man auf weite Strecken die Gebäude niedergerissen hatte, damit der unaufhaltsamen Gewalt des Feuers der freie Raum und gewissermaßen der leere Himmel entgegenwirke. Aber noch hatte sich die Angst nicht gelegt oder war im Volk Hoffnung wiedergekehrt: da griff erneut das Feuer um sich, und zwar in den freier gelegenen Stadtteilen; um so geringer waren die Verluste an Menschen: Tempel der Götter und dem Vergnügen gewidmete Säulenhallen waren es, die in größerem Ausmaß zusammenstürzten. Noch schändlicheres Gerede brachte dieser Brand mit sich, weil er in den aemilianischen Grundstücken des Tigellinus ausgebrochen war und es aussah, als wolle Nero mit der Gründung einer neuen Stadt, die nach seinem Namen zu benennen sei, Ruhm erwerben. Denn in vierzehn Bezirke ist Rom eingeteilt, von denen vier unversehrt blieben, drei bis auf den Grund zerstört wurden, während in den sieben übrigen nur wenige Häuserreste stehen blieben, mit Rissen und halb verbrannt.

Die Zahl der Paläste, Mietshäuser und Tempel, die verlorengingen, festzustellen dürfte nicht leicht sein; jedenfalls wurden von den ältesten Kultstätten der Tempel, den Servius Tullius der Luna, und der große Altar und das Heiligtum, das der Arkader Euandros dem Hercules bei seiner Anwesenheit geweiht hatte, weiter der Tempel des Iuppiter Stator, gestiftet von Romulus, die Königsburg Numas und das Heiligtum der Vesta mit den Penaten des römischen Volkes ein Raub der Flammen; ferner Kostbarkeiten, in so vielen Siegen gewonnen, und Meisterwerke griechischer Kunst, dazu alte und unverfälschte Denkmäler großer Geister, so daß sich bei aller Schönheit der aus der Asche auferstehenden Stadt die Älteren an vieles erinnerten, was nicht wiederhergestellt werden konnte. Es gab Leute, die bemerkten, daß am 19. Juli dieser Brand ausbrach, an dem auch die Senonen die eroberte Stadt in Flammen aufgehen ließen. Andere gingen so weit in ihrem forschenden

II.1 Antike Quellen zum Brand Roms

Bemühen, daß sie gleich viele Jahre, Monate und Tage zwischen beiden Bränden zählen.

(Tacitus, Annalen XV 38, 1ff. - Übersetzung E. Heller)

Sueton berichtet ähnlich ausführlich über die Katastrophe, er aber legt weit stärkeres Gewicht auf das Verhalten Neros während des Brandes, natürlich um mit dem Stilmittel der Übertreibung den wirren Geist des Princeps besonders plastisch zu illustrieren:

per sex dies septemque noctes ea clade saevitum est ad monumentorum bustorumque deversoria plebe compulsa. tunc praeter immensum numerum insularum domus priscorum ducum arserunt hostilibus adhuc spoliis adornatae deorumque aedes ab regibus ac deinde Punicis et Gallicis bellis votae dedicataeque, et quidquid visendum atque memorabile ex antiquitate duraverat. hoc. incendium e turre Maecenatiana prospectans laetusque flammae, ut aiebat, pulchritudine Halosin Ilii in illo suo scaenico habitu decantavit. ac ne non hinc quoque quantum posset praedae et manubiarum invaderet, pollicitus cadaverum et ruderum gratuitam egestionem nemini ad reliquias rerum suarum adire permisit; conlationibusque non receptis modo verum et efflagitatis provincias privatorumque census prope exhausit.

Sechs Tage und Nächte hindurch wütete diese Feuersbrunst; dem Volk blieb nichts anderes übrig, als in Grabdenkmälern und bei den Grabhügeln Zuflucht zu suchen. Damals brannten außer unzähligen Mietshäusern auch die Häuser altehrwürdiger Feldherren nieder, die mit den erbeuteten Rüstungen der Feinde noch geschmückt gewesen waren, und dazu noch die Tempel der Götter, die noch von den Königen und später in den Kriegen gegen Karthago und Gallien gelobt und geweiht worden waren, und alles Mögliche, was sehenswert und einer Erwähnung wert war und die vergangenen Zeiten überdauert hatte. Er schaute sich diesen Brand aus der Ferne, vom Palast des Maecenas aus an; nach seinen eigenen Worten machte ihn die Schönheit des Brandes glücklich, und er trug in seinem Bühnenkostüm, so wie jeder ihn kannte, einen Gesang über die Eroberung Trojas vor. Um sich aber aus alledem noch einen möglichst großen Beute- und Gewinnanteil zu sichern,

II. Der Brand Roms 64 n. Chr.

versprach er, kostenlos Leichen und Schutt abtransportieren zu lassen, und erlaubte niemandem, das, was von seinem Besitz noch übriggeblieben war, zu betreten. Provinzen und Privatleute steuerten aus ihrem Vermögen Mittel nicht nur freiwillig bei, sondern wurden dazu auch mit Nachdruck aufgefordert; damit brachte er sie fast an den Bettelstab.

(Sueton, Nero 38, 1ff. - Übersetzung H. Martinet)

Obwohl Feuer in Rom alltäglich zu verzeichnen waren und daher, so sollte man meinen, außer bei den unmittelbar Betroffenen nicht sonderlich für Aufregung sorgten, scheint der Eindruck des Brandes von 64 n. Chr. aufgrund der Begleitumstände bei der Entstehung und angesichts der Ausdehnung des Schadens dennoch so nachhaltig gewesen zu sein, dass auf dem Quirinal in flavischer Zeit eine *ara incendii Neronis* zur Erinnerung und zur Abwehr zukünftiger Katastrophen geweiht wurde. Domitian hatte ein Gelübde zum Bau dieser Stätte abgelegt und dieses Versprechen auch eingelöst. Es handelte sich um einen Travertinaltar mit Marmorverkleidung, der von einem ebenfalls mit Travertin gepflasterten und durch Grenzsteine markierten Bezirk umgeben war. Hier wurde jährlich Vulkan, dem Gott des Feuers, ein Opfer dargebracht. Der Großbrand von Rom wurde demnach auch von staatlicher Seite als Ereignis eingestuft, dessen man regelmäßig gedenken und dem man auch in religiöser Hinsicht besondere Beachtung angedeihen lassen sollte.

III. Die Stadt Rom und ihre Entwicklung

Die Stadt, die im Laufe des 1. Jt. v. Chr. über viele Jahrhunderte beständig erweitert worden war, sollte sich in der Zeit der späten Republik und besonders zur Zeitenwende sowie im 1. Jh. n. Chr. unter der Herrschaft der römischen Kaiser endgültig zur größten Metropole der damals bekannten Welt entwickeln. Besonders während der Regierungszeit des Augustus erlebte die Stadt eine regelrechte Blüte:

Urbem neque pro maiestate imperii ornatam et inundationibus incendiisque obnoxiam excoluit adeo, ut iure sit gloriatus marmoream se relinquere, quam latericiam accepisset.

Rom, das weder der Größe und Würde des Reiches entsprechend ausgebaut war und oft durch Überschwemmungen und Brände heimgesucht wurde, verschönerte Augustus in solchem Maße, daß er sich mit Recht rühmen durfte, an Stelle der Stadt aus Ziegeln, die er übernommen hatte, eine aus Marmor zu hinterlassen.

(Sueton, Augustus 28 - Übersetzung H. Martinet)

Die Schätzungen bezüglich der Einwohnerzahl gehen weit auseinander, aber sicher wohnten mehrere hunderttausend Menschen in Rom, vermutlich über 1 Million. Um die Entwicklung des Imperiums zu verdeutlichen, seien hier einige Zahlen präsentiert: die gesamte Bürgerschaft lässt sich für das 5. Jh. v. Chr. und die frühe Republik auf rund 20.000 Personen schätzen, zur Zeit des Prinzipats betrug die Einwohnerzahl des Imperium Romanum schätzungsweise 60 - 80 Millionen, davon lt. einer Erhebung im Jahre 48 n. Chr. 5,9 Millionen römische Bürger. Im Tatenbericht des Augustus ist der Bevölkerungszuwachs des römischen Reiches anhand dreier weiterer Erhe-

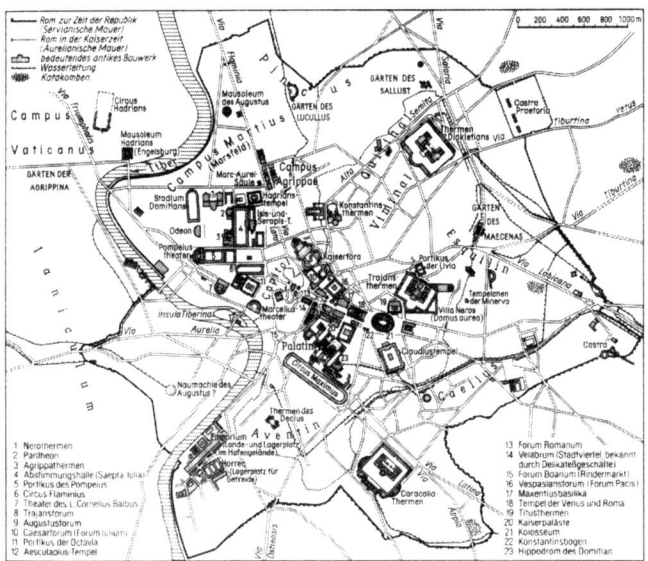

Abb. 2: Rom, schematischer Stadtplan

bungen dokumentiert[2]. Danach wurden im Jahre 28 v. Chr. 4.063.000 römische Bürger gezählt, im Jahre 8 v. Chr. 4.233.000 Bürger, schließlich im Jahre 14 n. Chr. 4.937.000 Bürger. Ebenso rasant ist die territoriale Ausdehnung: im 5. Jh. v. Chr. lässt sich die Fläche auf rund 800 km² schätzen, während der größten Ausdehnung des Imperium Romanum unter Trajan auf 3,5 Millionen Quadratkilometer[3].

III.1 Das Weichbild der Stadt Rom

Welche städtische Struktur zeigte die Stadt Rom in augusteischer Zeit? Strabon, hier in Paraphrase wiedergegeben, führte an, *Rom sei schlicht und einfach aus Notwendigkeit nicht etwa aus reiflicher Überlegung an jener Stelle*

---

[2] Augustus, res gestae 8.
[3] K. Christ, Die Römer (1979) 10.

III. Die Stadt Rom und ihre Entwicklung

gegründet worden. Spätere Erweiterungen oder Veränderungen konnten daher nicht etwa von Fachleuten vorgenommen werden, die dabei einen besseren Lösungsweg hätten einschlagen können, sondern von „Sklaven" der besonderen Situation in der Stadt, die sich folglich bereits Vorhandenem mit all seinen Missständen anpassen mussten[4]. Der Ausbau der Stadt war nach Gutdünken erfolgt, ohne dass gerade in der späten Republik gesetzliche Regelungen seitens der Administration steuernd eingegriffen hätten. Das Ergebnis war eine frei gewachsene Struktur, die in ihrem baulichen Zustand nicht im Geringsten zu einer Stadt passen wollte, die für sich beanspruchte, Zentrum eines Weltreiches zu sein. Das Stadtgebiet stellte sich als Fläche von „*continentia tecta*" dar, die Häuser und Baracken bildeten ein „*continuum*" vom Stadtkern bis hin zu den Randbezirken[5]. Schon im 2. Jh. war Roms chaotische Struktur Anlass für Spott seitens der Makedonen unter Philipp V.:

... alii mores et instituta eorum, alii res gestas, alii speciem ipsius urbis nondum exornatae neque publicis neque privatis locis ... eluderent...

... einige machten sich über die Sitten und Gebräuche [der Römer] lustig, andere über ihre historischen Errungenschaften, andere über das Erscheinungsbild der Stadt selbst, die damals weder hinsichtlich der öffentlichen Bauten noch der Privathäuser als schön zu bezeichnen war.

(Livius, 40, 5, 7 - Übersetzung Verf.)

Erst unter Caesar wollte man dieses Problem angehen und Rom einer systematischen Umstrukturierung unterziehen. Die Straßen sollten

---

[4] Strabon V 3, 7.
[5] F. Coarelli, Rom. Die Stadtplanung von Caesar bis Augustus, in: Kaiser Augustus und die verlorene Politik, 1988, 76.

III.1 Das Weichbild der Stadt Rom

Abb. 3: Rom in der Kaiserzeit, Rekonstruktion

nach hellenistischem Vorbild rechtwinklig angelegt, das Stadtgebiet mit Plätzen aufgelockert und die Bebauung konsequent überwacht werden. Es sollte ein überaus ehrgeiziges Projekt werden, wie wir Cicero entnehmen können, der indirekt über den Eifer spottet:

Sed casu sermo a Capitone de urbe augenda, a ponte Mulvio Tiberim duci secundum montes Vaticanos, Campum Martium coedificari, illum autem Campum Vaticanum fieri quasi Martium campum.

Sobald sich die Gelegenheit bot, begann Capito von der Vervollkommnung der Stadt zu reden: den Lauf des Tibers ab der Milvischen Brücke entlang des vatikanischen Hügels zu führen, von Bebauungsplänen für das Marsfeld, von der Fläche des Vatikans, die zu einer Art zweitem Marsfeld werden solle.

(Cic. ad Att. XIII 33a, 1 - Übersetzung Verf.)

III. Die Stadt Rom und ihre Entwicklung

Nam de ornanda instruendaque urbe, item de tuendo ampliandoque imperio plura ac maiora in dies destinabat

Denn von Tag zu Tag faßte er immer mehr und weitreichendere Pläne, wie er die Stadt aufs prächtigste ausschmücken und auch wie er das Reich sichern und vergrößern könnte.

(Sueton, Caesar 44 - Übersetzung H. Martinet)

Dieses Projekt wäre nur durchführbar gewesen, hätte man das alte Rom vollständig abgetragen. Ein Umbau der bestehenden Struktur schien schon zu Caesars Zeit eine unlösbare und sinnlose Aufgabe.
In der späten Republik wuchs der Kontrast zwischen dem Wohnluxus der Oberschicht und den Massenunterkünften der ärmeren Teile der Bevölkerung beständig. In den wohlhabenden Vierteln und insbesondere außerhalb der Stadt erstreckten sich großartige Villen mit zahlreichen Räumlichkeiten und entsprechend der Topografie gestaffelten Säulenhallen[6]. Aus Pompeji wissen wir, dass solche Privathäuser eine Fläche von 800 - 900 m^2 einnehmen konnten, so etwa die Casa del Fauno. Forschungen zur Urbanistik römischer Städte haben zwar gezeigt, dass eine Übertragung der Verhältnisse von Pompeji auf Rom nur bedingt möglich ist, gleichwohl haben auch in der Hauptstadt vergleichbare Privatbauten mit ähnlich großer Flächenausdehnung existiert. Einige als Stadtpaläste zu bezeichnende Anlagen besaßen, wie antike Quellen berichten, eine überaus beeindruckende Ausdehnung. Über das Stadtgebiet verteilt fanden sich Tempel, Gärten (Parkanlagen) und Säulenhallen, im Bereich der Fora, der eigentlichen Zentren, konzentrierten sich große architektonische Komplexe, ebenfalls mit Tempeln, Basiliken und zahlreichen, der Administration und Jurisdiktion bestimmten Gebäuden. Hier wurden ganz profane Geschäfte getätigt, in entsprechenden und spezifisch ausgestatteten Zweckbauten. In den ärmeren Vierteln, hier insbesondere dem Bezirk *Trans-*

---

[6] P. Zanker, Augustus und die Macht der Bilder³ (1997) 29.

III.1 Das Weichbild der Stadt Rom

Abb. 4: Pompeji, Rekonstruktion einer Garküche

tiberim, der vorwiegend von Schiffern, Hafenarbeitern, Fischhändlern und Handwerker aller Art bewohnt war, standen dicht an dicht bescheidene Hütten und improvisierte Baracken, vorwiegend aus Holz. In der ganzen Stadt ragten Mietskasernen mit mehreren Stockwerken bis über 20 m in die Höhe. Literarische Quellen belegen, dass bereits seit dem 3. Jh. v. Chr. Häuser mit mindestens drei Stockwerken existierten. Ca. 700 Jahre später lassen sich für Rom aus Listen des 4. Jh. n. Chr. 1.797 villenähnliche Einzelhäuser erschließen, die von Reichen und deren *familia* bewohnt wurden, und im Gegensatz dazu 46.602 *Insulae* ermitteln, Wohnstatt für die ärmeren Bevölkerungsschichten. Auch wenn diese Listen der Spätantike angehören, darf auch für die frühe Kaiserzeit von ähnlichen Zahlenwerten ausgegangen werden. Überall fanden sich dazu Verkaufsbuden, Tabernen und Stände, die oft nur ganz provisorisch aus Holz konstruiert waren. Seit augusteischer Zeit versuchten Beamte mit diversen Maßnahmen, das permanente Ausbreiten der Stände kleiner Handwerker und Händler, die das Stadtzentrum Roms regelrecht überschwemmten, zu unterbinden. Deshalb suchte man die verschiedenen Berufsgattungen an einigen festen Orten zu konzentrieren, indem dezentral Märkte eingerichtet wurden, so das *Macellum Liviae* am Esquilin und damit fern des Stadtkerns[7].

III.2 Quellen zum täglichen Leben in Rom

Jeder Platz und jede Ecke, jeder Bürgersteig, alles wurde von Händlern mit provisorischen Verkaufsständen (*tabernae*) in Beschlag genommen. Dazu kamen zahllose Garküchen (*cauponae*), die Speisen und Getränke feilboten. Offenbar waren staatliche Erlasse notwendig, um diesem Wirrwarr Einhalt zu gebieten:

> *Abstulerat totam temerarius institor urbem*
> *inque suo nullum limine limen erat.*
> *iussisti tenuis, Germanice, crescere vicos,*
> *et modo quae fuerat semita, facta via est.*
> *nulla catenatis pila est praecincta lagonis*
> *nex praetor medio cogitur ire luto,*
> *stringitur in densa nec caeca novacula turba*
> *occupat aut totas nigra popina vias.*
> *tonsor, copo, cocus, lanius sua limina servant.*
> *nunc Roma est, nuper magna taberna fuit.*

> *Ganz schon hatten die Stadt vermessene Krämer verschlungen,*
> *Und von der Schwelle war jegliche Schwelle gerückt.*
> *Du, Germanicus, zwangst die schmalen Gassen zum Wachsen,*
> *Und was nur Fußsteig war wurde zur Straße gemacht.*
> *Keiner der Pfeiler ist mit verketteten Krügen umgürtet,*
> *Und nicht mitten im Kot brauchet der Prätor zu gehn;*

---

[7] J.-P. Morel, Das Handwerk in augusteischer Zeit, in: Kaiser Augustus und die verlorene Politik (1988) 90.

III.2 Quellen zum täglichen Leben in Rom

Auch nicht zücket man blind Schermesser in dem Gedränge,
  Noch verstopfet den Weg ganz ein berußeter Herd.
Wirt und Barbier und Koch und Fleischer hüten die Schwelle.
Jetzt ist's Rom, was jüngst eine Taberne nur war.

(Martial, Epigramme VII 61 - Übersetzung A. Berg)

Ein Blick in den Tatenbericht des Augustus vermittelt eine Vorstellung von der gewaltigen Anzahl an Bewohnern, die an der Grenze zur Armut lebten oder definitiv in dieser ihr Dasein fristen mussten. Von den 60 Millionen Tonnen Weizen, die jährlich aus den Provinzen nach Rom geliefert wurden, ließ er 12 Millionen Tonnen an mehr als 200.000 Bedürftige verteilen. Im Tatenbericht werden Getreide- und Geldspenden an römische Bürger mehrmals explizit erwähnt:

...et consul undecim duodecim frumentationes frumento coempto emensus sum...

In meinem elften Konsulat (23 v. Chr.) habe ich zwölf Getreidespenden austeilen lassen, zu denen das Getreide aus meinem Privatvermögen aufgekauft worden war.

(Res gestae 15 - Übersetzung M. Giebel)

Consul tertium decimum sexagenos denarios plebei, quae tum frumentum publicum accipiebat, dedi; ea millia hominum paullo plura quam ducenta fuerunt.

Als ich zum dreizehnten Mal Konsul (2 v. Chr.) war, habe ich je 60 Denare an diejenigen aus dem Volk gezahlt, die damals von Staats wegen Getreidespenden erhielten; dies waren etwas mehr als 200 000 Menschen.

(Res gestae 15 - Übersetzung M. Giebel)

III. Die Stadt Rom und ihre Entwicklung

Ab illo anno, quo Cn. et P. Lentuli consules fuerunt, cum deficerent publicae opes tum centum millibus hominum tum pluribus multo frumentarios et nummarios tributus ex horreo et patrimonio meo edidi.

Von dem Jahr an, in dem Gnaeus und Publius Lentulus (18 v. Chr.) das Konsulat innehatten, habe ich, als das Steueraufkommen nicht ausreichte, bald 100 000, bald noch mehr Menschen Getreide- und Geldspenden aus meinem eigenen Vorratslager und aus meinem eigenen Vermögen zukommen lassen.

(Res gestae 18 - Übersetzung M. Giebel)

Aus den zitierten Stellen lässt sich erschließen, dass eine sehr große Anzahl römischer Bürger überhaupt nicht oder nur bedingt in der Lage war, ihren Lebensunterhalt zu erarbeiten und staatlicher Unterstützung zwingend bedurfte.

Rom war für seine dichten Menschenmassen berüchtigt, Seneca vergleicht in einem düsteren Bild den Zug der Toten in die Unterwelt mit den sich durch die Straßen der Hauptstadt drängelnden Passanten:

...ducit ad manes via qua remotos,
tristis et nigra metuenda silva,
sed frequens magna comitante turba.
Quantus incedit populus per urbes
ad novi ludos avidus theatri.

Wo der Weg hinab zu den Schatten führet,
Lang und bang, umschauert von schwarzen Forsten.
Dichte Scharen wandeln die Straße nieder.
Wie sich durch die Gassen der Stadt begierig
Drängt das Volk, zu schauen das neue Schauspiel

(Seneca, Hercules furens IV 3, 6-9 - Übersetzung W. A. Swoboda)

III.2 Quellen zum täglichen Leben in Rom

Abb. 5: Pompeji, Nebenstraße.

Das Wegenetz war verwinkelt und eng, noch dazu durch überhängende Vorbauten und Balkone in ewiges Dämmerlicht getaucht[8].

Schon Cicero schimpfte über den jämmerlichen Zustand der Stadt:

> *Romam in montibus positam et convallibus, cenaculis sublatam atque suspensam, non optimis viis, angustissimis semitis, prae sua Capua planissimo in loco explicata ac praeclarissime sita inridebunt atque contemnent; agros vero Vaticanum et Pupiniam cum suis opimis atque uberibus campis conferendos scilicet non putabunt. Oppidorum autem finitimorum illam copiam cum hac per risum ac iocum contendent; Veios, Fidenas, Collatiam, ipsum hercle Lanuvium, Ariciam, Tusculum cum Calibus, Teano, Neapoli, Puteolis, Cumis, Pompeiis, Nuceria comparabunt.*

---

[8] H. von Hesberg, Die Veränderung des Erscheinungsbildes der Stadt Rom unter Augustus, in: Kaiser Augustus und die verlorene Politik, 1988, 93ff. bes. 96.

III. Die Stadt Rom und ihre Entwicklung

Rom ist auf Hügeln und in engen Tälern erbaut, die Stockwerke streben und drängen dort in die Höhe, die Straßen sind nicht gut, die Gassen äußerst schmal; sie werden unsere Stadt verhöhnen und verachten, wenn sie auf ihr Capua blicken, das sich auf einer gänzlich ebenen Flächeausbreitet und herrlich gelegen ist. Die vatikanische und pupinische Gemarkung vollends, werden sie gewiß meinen, dürfe man mit ihren fetten und fruchtbaren Äckern durchaus nicht vergleichen. Doch ihren Reichtum an Nachbarstädten werden sie lachend und im Spaß dem unsrigen gegenüberstellen: sie werden Veji, Fidenae, Collatio, beim Herkules, selbst Lanuvium, Aricia und Tusculum an Cales, Teanum, Neapel, Puteoli, Cumae, Pompeji und Nuceria messen.

(Cicero, leg. agr. II 96 - Übersetzung M. Fuhrmann)

Es scheint, glaubt man zeitgenössischen Schilderungen, ein unglaubliches Chaos in den Straßen geherrscht zu haben. Für Ochsenkarren und andere Gespanne galt tagsüber ein Fahrverbot, sie durften nur nach Sonnenuntergang durch die Straßen ziehen. Nachts herrschte tiefste Finsternis, eine Straßenbeleuchtung gab es in römischen Städten nicht. Dies müssen auch die Protagonisten im Goldenen Esel des Apuleius büßen, die sich zu fortgeschrittener Stunde angetrunken in einer antiken Stadt auf den Heimweg machen:

Sed cum primam plateam vadimus, vento repentino lumen, quo nitebamur, extinguitur, ut vix inprovidae noctis caligine liberati digitis pedum detunsis ob lapides hospitium defessi rediremus

Aber als wir die erste Gasse entlanggehen, löscht ein Windstoß die Laterne, auf die wir uns verließen, so daß wir uns nur mit Mühe durch die undurchdringlich dunkle Nacht tasteten und Zehen an Steinen zerstießen, bis wir ganz erschöpft zum Quartier heimkehrten

(Apuleius, Der goldene Esel II, 32, 2 - Übersetzung E. Brandt und W. Ehlers)

Die Angst vor Überfällen war allgegenwärtig. Allerlei Gesindel trieb sich vornehmlich nachts auf den Straßen herum, wie aus Stellen bei Apuleius und Petronius zu ersehen ist:

III.2 Quellen zum täglichen Leben in Rom

„Heus tu", inquit, „cave regrediare cena maturius. nam vesana factio nobilissimorum iuvenum pacem publicam infestat, passim trucidatos per medias plateas vedebis iacere

Aber sie sagte: „Hör mal, nimm dich in acht und komm nicht zu spät vom Essen heim! Denn eine verrückte Bande der vornehmsten jungen Leute beunruhigt den Bürgerfrieden, allenthalben wirst Du Ermordete mitten auf der Straße liegen sehen.

(Apuleius, Der goldene Esel II, 18, 3 - Übersetzung E. Brandt und W. Ehlers)

„cum errarem" inquit „per totam civitatem nec invenirem quo loco stabulum reliquissem, accessit ad me pater familiae et ducem se itineris humanissime promisit. per anfractus deinde obscurissimos egressus in hunc locum me perduxit prolatoque peculio coepit rogare stuprum.

Als ich in der ganzen Stadt herumirrte und einfach die Stelle nicht wiederfand, wo ich aus dem Bett gestiegen bin, kam doch ein Mann mit biederer Miene auf mich zu und bot mir ganz freundlich an, mir den Weg zu zeigen. Dann hat er mich auf Umwegen durch die finstersten Gassen hierhergeführt, mir seinen Geldbeutel gezeigt und was Unanständiges verlangt.

(Petronius, Satyricon VIII 2 - Übersetzung V. Ebersbach)

Lassen wir auch den Dichter Juvenal zu Wort kommen, der überaus deutlich die Leiden eines städtischen Bewohners schildert:

... nam quae meritoria somnum
admittunt? magnis opibus dormitur in urbe.
inde caput morbi; raedarum transitus arto
vicorum in flexu et stantis convicia mandrae
eripient somnum Druso vitulisque marinis.
si vocat officium, turba cedente vehetur
dives et ingenti curret super ora Liburna
atque obiter leget aut scribet vel dormiet intus

III. Die Stadt Rom und ihre Entwicklung

(namque facit somnum clausa lectica fenestra),
ante tamen veniet. nobis properantibus obstat
unda prior, magno populus premit agmine lumbos
qui sequitur; ferit hic cubito ferit assere duro
alter, at hic tignum capiti incutit, ille metretam.
pinguia crura luto, planta mox undique magna
calcor et in digito clavus mihi militis haeret.
nonne vides quanto celebretur sportula fumo?
centum convivae, sequitur sua quemque culina.
Corbulo vix ferret tot vasa ingentia, tot res
inpositas capiti, quas recto vertice portat
servulus infelix et cursu ventilat ignem.
scinduntur tunicae sartae modo, longa coruscat
serraco veniente abies, atque altera pinum
plaustra vehunt: nutant alte populoque minantur.
nam si procubuit qui saxa Ligustica portat
axis et eversum fudit super agmina montem,
quid superest de corporibus? quis membra, quis ossa
invenit? obtritum volgi perit omne cadaver
more animae. domus interea secura patellas
iam lavat et bucca foculum excitat et sonat unctis
striglibus et pleno componit lintea guto.
haec inter pueros varie properantur, at ille
iam sedet in ripa taetrumque novicius horret
porthmea nec sperat caenosi gurgitis alnum
infelix nec habet quem porrigat ore trientem.

Respice nunc alia ac diversa pericula noctis:
quod spatium tectis sublimibus unde cerebrum
testa ferit, quotiens rimosa et curta fenestris
vasa cadant, quanto percussum pondere signent
et laedant silicem. possis ignavus haberi
et subiti casus inprovidus, ad cenam si
intestatus eas: adeo tot fata, quot illa
nocte patent vigiles te praetereunte fenestrae.

III.2 Quellen zum täglichen Leben in Rom

ergo optes votumque feras miserabile tecum,
ut sint contenue patulas defundere pelves...

...denn wo läßt's dich in gemieteter Wohnung
schlafen? Den Schätzen allein nur dankt man die Ruh in der Hauptstadt.
Das ist der Krankheit Sitz; das Gerolle der Wagen in engen
winkligen Straßen, der Zank bei steckengebliebenen Herden
rauben sogar einem Drusus den Schlaf und den Kälbern des Meeres.
Rufet die Pflicht, dann eilt durch weichende Haufen der Reiche
über die Köpfe hinweg, in der riesigen Sänfte getragen,
und kann, wenn es beliebt, drin lesen und schreiben und schlafen;
denn ihn verlocket zum Schlaf das geschlossene Fenster
    der Sänfte.
Dennoch ist er eher da: Uns Eilenden hemmet die vordre
Welle den Schritt, und das Volk, das nachfolgt in langer Kolonne,
presset den Leib: Der stößt mit dem Arm, ein andrer mit hartem
Brett, der trifft dir den Kopf mit dem Balken und der mit der Tonne.
Schmutz hängt klebrig am Fuß; bald treten gewaltige Sohlen
auf mir herum, bald sitzt mir im Zeh ein Nagel 'nes Landsers.
Sieh doch, mit wieviel Rauch man ein festlich Gelage dort feiert!
Hundert der Gäste, sie nahn, und jeglichem folgt die Küche.
Kaum trüg Corbulo fort solch große Gefäße, die vielen
Sachen, gestellt aufs Haupt - wie erhobenen Scheitels ein armes
Bürschlein alle sie schleppt und im Lauf noch fächelt das Feuer.
Eben geflicktes Gewand reißt wieder; es schwanken die langen
Tannen auf nahendem Karrn, dort werden in anderen Wagen
Fichten gefahren: Sie wanken gestapelt und drohen dem Volke.
Bricht nun gar noch die Achse, die her den ligurischen Marmor
fährt, und stürzet die kippende Last übers
    Menschengewoge,

was bleibt da von den Körpern zurück? Wer findet die Glieder
oder die Knochen? Zermalmt ist jegliche Leiche des Volkes,
wie weggeblasen; im Haus wäscht sorglos längst das Gesinde
Schüsseln, es fachet die Glut mit den Backen und klappert mit fett'gen

III. Die Stadt Rom und ihre Entwicklung

*Striegeln und hält schon bereit volle Fläschchen mit Öl neben Tüchern.
Dies, abwechselnd, betreiben die Sklaven in Eile: Doch jener
sitzt am Ufer bereits und fürchtet, ein Neuling, den finstern
Fährmann: Hoffen verläßt ihn, den Ärmsten, des lehmigen Schlundes
Kahn zu besteigen; es fehlt ihm im Munde der Dreier als Fährgeld.
Doch noch andere gibt's und verschiedne Gefahren der Nachtzeit:
Was für ein Raum zu den Dächern hinauf, von wo deinen Schädel
trifft ein Ziegel, sooft die geborstenen Stücke von Töpfen
fliegen zum Fenster heraus, mit 'ner Wucht, um getroffenem Pflaster
Male zu geben und selbst es zu sprengen. Man hält dich für weltfremd
und ohne Vorsorg für plötzlichen Zufall, wenn ohn Letzten Willen
abends zum Mahle du gehst; es drohn dir der Tode so viel,*
                als,
*kommst du vorbei, sich öffnen in der Nacht wachende Fenster.
Bete darum und heg den bescheidenen Wunsch nur im Herzen,
daß sie zufrieden, herab nur den breiten Nachttopf zu schütten.*

                                  (Juvenal, Satiren III, 234ff. - Übersetzung W. Krenkel)

Ähnlich schildert Martial den Weg durch die Straßen Roms, wobei ihm auch noch das Missgeschick zuteil wird, von seinem Patron versetzt zu werden:

*Mane domi nisi te volui meruique videre,
sint mihi, Paule, tuae longius Esquiliae.
sed Tiburtinae sum proximus accola pilae,
qua videt anticum rustica Flora Iovem:
alta Suburani vincenda est semita clivi
et numquam sicco sordida saxa gradu,
vixque datur longas mulorum rumpere mandras
quaeque trahi multo marmora fune vides.
illud adhuc gravius quod te post mille labores,
Paule, negat lasso ianitor esse domi.
exitus hic operis vani togulaeque madentis:
vix tanti Paulum mane videre fuit.*

semper inhumanos habet officiosus amicos?
rex, nisi dormieris, non potes esse meus.

Hab' ich nicht es gewünscht und verdient, dich morgens zu sehen,
Mag dein Esquilischer Berg, Paulus, noch weiter mir sein.
Aber ich wohne zunächst dem Tiburtischen Pfeiler, wo Jovis'
Alten Tempel erschau'n Flora, die ländliche, kann:
Über den hohen Steig des Suburahügels und Pflaster
Muß man gehen, wo nie trocken man schreitet vor Schmutz,
Und kaum kann man die Kette der Maultierzüge durchbrechen
Und den Marmor, den ziehn mächtige Taue du siehst.
Noch verdrießlicher ist's, daß nach tausend Mühen dein Pförtner
Dann dem Ermüdeten sagt, Paulus, er treffe dich nicht.
Dies der Erfolg des eitelen Werks und der triefenden Toga:
So viel war's kaum wert, morgens den Paulus zu sehn.
Ein dienstfertiger Freund hat stets hartherzige Gönner:
Paulus, wenn nicht du schläfst, kannst du mein König nicht sein.

(Martial, Epigramme V 22 - Übersetzung A. Berg)

Als Martial ein kleines Gut auf dem Land zugestanden wird, vergisst er nicht, die Vorzüge gegenüber dem Stadtleben mit betont ruhigen Bildern zu veranschaulichen:

hinc septem dommos videre montis
et totam ficet aestimare Romam,
Albanos quoque Tusculosque colles
et quodcumque lacet sub urbe frigus,
Fidenas veteres brevesque Rubras,
et quod virgineo cruore gaudet
Annae pomiferum nemus Perennae.
illinc Flaminiae Salariaeque
gestator patet essedo tacente,
ne blando rota sit molesta somno,
quem nec rumpere nauticum celeuma

III. Die Stadt Rom und ihre Entwicklung

nec clamor valet helciariorum,
cum sit tain prope Mulvius sacrumque
lapsae per Tiberim volent carinae.
hoc rus, seu potius domus vocanda est,
commendat dominus: tuam putabis,

Sehen kann man die sieben Herrscherberge
Von hier aus und das ganze Rom betrachten
Und die Tuskuler und Albaner Hügel
Und was nahe der Stadt im Kühlen lieget,
Dort das alte Fidenä, Saxa Rubra
Und der Anna Perenna Hain, an Obst reich,
Der jungfräulichen Blutes sich erfreuet.
Auf Flaminius' Straß' und auf dem Salzweg
Sieht man Menschen im Wagen fahren lautlos,
Daß sein Rad nicht den sanften Schlummer störe,
Den zu rauben auch nicht der Schiffer Taktruf
Und Lastzieher durch ihr Geschrei vermögen,
Ist die Mulvische Brück' auch nah' und fliegen
Durch die heilige Tiber auch die Kiele.
Dies Gut - oder man nenn' es lieber Stadthaus -
Überläßt dir sein Herr, als wär's dein eigen.

(Martial, Epigramme IV 64 - Übersetzung A. Berg)

Natürlich sind all diese Schilderungen überzeichnet, jedoch verbirgt sich dahinter auch immer eine Prise Wahrheit. Das Leben in Rom dürfte überaus hektisch verlaufen sein, dazu war es um die öffentliche Sicherheit nicht gerade gut bestellt. Menschenmassen drängten sich durch die Straßen und ein beständiger Strom an Karren, die für Materialnachschub sorgten, quälte sich durch die engen Gassen. Kein Wunder also, dass ein Leben in einer der kleineren Provinzstädte oder gar auf dem Land geradezu idealisiert dargestellt wurde. Andererseits scheint aber gerade die trostlose Situation vieler Landbewohner diese zu einer regelrechten Flucht nach Rom gezwungen haben.

IV. Das Feuerwehrwesen im antiken Rom

IV.1 Schadensfeuer in Rom

Sueton berichtet in seiner Beschreibung der Regierungszeit des Kaisers Augustus unter anderem:

Spatium urbis in regiones vicosque divisit instituitque, ut illas annui magistratus sortito tuerentur, hos magistri e plebe cuiusque viciniae lecti. adversus incendia excubias nocturnas vigilesque commentus est.

Das ganze Stadtgebiet teilte er in Bezirke und Stadtviertel ein und setzte fest: Über die Bezirke sollten durch das Los auf ein Jahr gewählte Beamte die Aufsicht haben, über die Stadtteile Beamte, die aus den Leuten des jeweiligen Stadtteils erwählt worden waren. Gegen Feuersbrünste richtete er für die Nacht Wachposten und eine Feuerpolizei ein.

(Sueton, Augustus 30ff. - Übersetzung H. Martinet)

Täglich kam es in Rom zu kleineren und größeren Bränden und zu katastrophalen Zusammenbrüchen ganzer Wohnhäuser. Diese waren so häufig, dass man sich regelrecht an solche Vorkommnisse gewöhnt hatte[9].

*nam quid tam miserum, tam solum vidimus, ut non
deterius credas horrere incendia, lapsus
tectorum adsiduos ac mille pericula saevae
urbis et Augusto recitantes mense poetas?*

---

[9] Plutarch, Crassus 2.

IV.1 Schadensfeuer in Rom

Abb. 6: Rom, Forumsbereich in der Kaiserzeit. Rekonstruktion.

denn was ist in unseren Augen so armselig, so einsam, daß man es nicht für schlimmer hielte, vor Feuersbrünsten zu schaudern, vor dem unablässigen Einstürzen der Häuser und den tausend Gefahren der grausamen Stadt und den im Monat August rezitierenden Dichtern?

(Juvenal, 3. Satire 6ff. - Übersetzung J. Adamietz)

Plutarch führt unter anderem als Grund an, dass die Häuser zu massiv konstruiert waren und überdies zu dicht zusammenstanden. Immer wieder wurden Straßenzüge vernichtet, sanken prunkvolle öffentliche Gebäude in Schutt und Asche. In den Schriftquellen finden sich zahllose oft beiläufige Hinweise auf Brände, die öffentliche und private Bauten beschädigten oder gar zerstörten[10]. Hier sei eine - keinesweg vollständige - Liste referiert: Im Jahre 241 v. Chr. wütete

---

[10] R. Sablayrolles, Libertinus miles - Les cohortes de Vigiles (1996) 410ff. hat anhand antiker Quellen insgesamt 88 Brände erschlossen und in einer Liste = 771ff., zusammengefasst.

IV. Das Feuerwehrwesen im antiken Rom

eine Feuersbrunst in Rom und gefährdete den Tempel der Vesta. Aus antiken Quellen wissen wir, dass bei einem Brand von 210 v. Chr. die Geldwechslerbuden, *tabernae argentariae*, im Norden des *Forum Romanum* vernichtet wurden. Daraus resultierte in den folgenden Jahrhunderten die Unterscheidung in *tabernae veteres* und *tabernae novae*. Die am selben Forum 184 v. Chr. errichtete *Basilica Porcia* brannte 52 v. Chr. ab. Wir wissen, dass im Jahre 83 v. Chr. ein Großbrand das *Capitolium vetus* auf dem Quirinal vernichtete. Im Tatenbericht des Augustus findet sich die sehr kursorische Angabe, dass er die *Basilica Iulia*, nachdem diese durch ein Feuer zerstört worden war, neu errichten ließ:

Forum Iulium et basilicam, quae fuit inter aedem Castoris et aedem Saturni, coepta profligataque opera a patre meo, perfeci et eandem basilicam consumptam incendio, ampliato eius solo, sub titulo nominis filiorum meorum incohavi et, si vivus non perfecissem, perfici ab heredibus meis iussi.

Das Forum Julium und die Basilika, die sich zwischen dem Castor- und dem Saturntempel befindet, von meinem Vater begonnene und beinahe zu Ende geführte Bauten, habe ich vollendet und als eben jene Basilika durch einen Brand zerstört wurde, habe ich sie im Grundriß erweitert und unter dem Namen meiner Söhne erneut mit ihrem Bau begonnen und befahl, dass sie von meinen Erben fertiggestellt werde, sollte ich sie zu Lebzeiten nicht vollenden können.

(Augustus, Res gestae 20 - Übersetzung M. Giebel)

Die Basilika wurde im Jahre 283 n. Chr. erneut durch ein Feuer zerstört. Die sog. *Regia* am *Forum Romanum*, um 500 v. Chr. begonnen, wurde gleich mehrfach durch Feuer vernichtet. Die *Curia*, Sitz des Senates, brannte in republikanischer Zeit mehrfach ab, der Brand von 52 v. Chr., bei dem sie vollständig zerstört wurde, war Anlass für den Bau der *Curia Iulia* und mittelbar des Caesarforums[11]. Für die Kaiser-

---

[11] P. Gros - G. Sauron, Das politische Programm der öffentlichen Bauten, in: Kaiser Augustus und die verlorene Politik, 1988, 55.

IV.1 Schadensfeuer in Rom

zeit ist mindestens ein Brand im Jahre 283 n. Chr. belegt. Der 498 v. Chr. errichtete Saturntempel brannte im 4. Jh. n. Chr. vollständig ab. Der Tempel für den *Divus Augustus* wurde 14 n. Chr. errichtet und 69 n. Chr. durch ein Feuer vernichtet. Im Jahre 27 n. Chr., unter der Regierungszeit des Tiberius, wütete eine Feuersbrunst auf dem *Mons Caelius*, von der Tacitus zu berichten weiß:

> *Nondum ea clades exoleverat, cum ignis violentia urbem ultra solitum adfecit, deusto monte Caelio*

> *Noch war dieses schwere Unheil nicht in Vergessenheit geraten, als eine gewaltige Feuersbrunst die Stadt in ungewöhnlichem Maße in Mitleidenschaft zog, wobei der Caelius ganz abbrannte*

> (Tacitus, Annalen IV 64f. - Übersetzung E. Heller)

Sicher unterrichtet sind wir vom Brand Roms im Jahre 80 n. Chr. durch eine Stelle bei Sueton:

> *Quaedam sub eo fortuita ac tristia acciderunt... incendium Romae per triduum totidemque noctes*

> *Unter seiner (Titus) Herrschaft ereigneten sich einige schwere Schicksalsschläge, so der Brand Roms, der drei Tage und drei Nächte dauerte.*

> (Sueton, Titus 8, 3 - Übersetzung H. Martinet)

Eine Stelle bei Martial bezieht sich vermutlich auf denselben Brand, bei dem auch das Marsfeld in Mitleidenschaft gezogen wurde:

> *Qualiter Assyrios renovant incendia nidos,*
> *una decem quotiens saecula vixit avis,*
> *taliter exuta est veterem nova Roma senectam*
> *et sumpsit vultus praesidis ipsa sui.*
> *iam precor oblitus notae, Vulcane, querelae*
> *parce: sumus Martis turba sed et Veneris:*

IV. Das Feuerwehrwesen im antiken Rom

parce, pater: sic Lemniacis lasciva catenis
ignoscat coniunx et patienter amet.

Wie das assyrische Nest durch Brand verjüngt, wenn der Vogel
Zehn Jahrhundert' hindurch hatte, der eine, gelebt,
Also das neue Rom, ablegt' es sein früheres Alter
Und entlehnete selbst seines Beschützers Gesicht.
Jetzt, Volcanus, vergiß, ich flehe dich, unsere Fehde,
Schone: wir sind zwar Mars', aber auch Venus' Geschlecht:
Schone, Vater: verzeih'n mag so die schelmische Göttin
Lemnische Schlingen und stets willig in Liebe dir sein!

(Martial, Epigramme V 7 - Übersetzung P. Barié u. W. Schindler)

Unter anderem brannte die *Domus Tiberiana* bei diesem Feuer ab. Sie wurde zur Zeit des Domitian wieder aufgebaut.

Am eindrucksvollsten liest sich aber die Geschichte des Jupitertempels auf dem Kapitol. Der Tempel wurde, so will es die Überlieferung, angeblich Ende des 6. Jh. v. Chr. errichtet. 83 v. Chr. brannte er ab und musste durch Sulla wiederhergestellt werden. Die Einweihung des restaurierten Baues erfolgte 69 v. Chr. durch *Q. Lutatius Catulus*. 69 n. Chr. brannte das Gebäude während der Kämpfe zwischen Vitellius und Vespasian ab und musste erneut aufgebaut werden:

Hic ambigitur, ignem tectis obpugnatores iniecerint, an obsessi, quae crebrior fama, nitentes ac progressos depulerint. inde lapsus ignis in porticus adpositas aedibus; mox sustinentes fastigium aquilae vetere ligno traxerunt flammam alueruntque. sic Capitolium clausis foribus indefensum et indireptum conflagravit. Id facinus post conditam urbem luctuosissimum foedissimumque rei publicae populi Romani accidit.

Es ist hier nun nicht ausgemacht, ob die Belagernden das Feuer auf die Dächer schleuderten oder, wie es häufiger heißt, die Belagerten, als sie die emporklimmenden und schon weit vorwärtsgekommenen Gegner abzudrängen versuchten. Von da griffen die Flammen auf die an den Tempel anstoßenden

Säulenhallen über; dann fingen die Adler, die das Dach trugen, mit ihrem alten Holz Feuer und gaben ihm gute Nahrung. So brannte bei verschlossenen Toren, unverteidigt und ungeplündert, das Kapitol nieder. Dies war seit der Gründung Roms die jammervollste, die verabscheuungswürdigste Greueltat, die das Gemeinwesen des römischen Volkes traf.

(Tacitus, Historien 3, 71.4-72.1 - Übersetzung J. Borst)

Im Jahre 80 n. Chr., während der Regierungszeit des Titus brannte der Tempel wieder ab, mußte von Domitian erneut aufgebaut werden. Danach wurde er noch mehrmals durch Feuer und Blitzschlag beschädigt. Der Tempel der Venus und Roma, 121 n. Chr. begonnen, wurde Anfang des 4. Jh. durch ein Feuer schwer beschädigt und musste auf Veranlassung des Maxentius erneuert werden. Allein diese unvollständige Liste mit Brandschäden an öffentlichen Gebäuden zeigt, wie dringend dieser Problematik zu begegnen war.

IV.2 Feuerwehrwesen der späten Republik und der frühen Kaiserzeit

Es gab in der Zeit vor Kaiser Augustus keine einer Feuerwehr direkt vergleichbare Einrichtung. Die Bevölkerung wurde mehr oder weniger dienstverpflichtet, sie bekämpfte Brände meist in Nachbarschaftshilfe. Gleichwohl existierten während der späten Republik private Schutztruppen, die auch Aufgaben der Brandbekämpfung wahrnehmen konnten[12]:

Fuerant et privatae familiae, quae incendia vel mercede vel gratia extinguerent.

---

[12] Siehe auch: Velleius Paterculus 2, 91, 3; Valerius Maximus 8, 1, 6 damn.; siehe auch Cicero, Pis. 11, 26.

IV. Das Feuerwehrwesen im antiken Rom

Es gab auch private Sklaventruppen, die Brände entweder gegen Bezahlung oder aus Gefälligkeit löschten.

(Digesta I, 15, 1 - Übersetzung Verf.)

Von staatlicher Seite waren die *Tresviri nocturni* formal auch mit der Brandwache betraut, obwohl sie vorwiegend für Sicherheitsaufgaben zuständig waren:

Apud vetustiores incendiis arcendis triumviri praeerant, qui ab eo quod excubias agebant nocturni dicti sunt; interveniebant nonnumquam et aediles et tribuni plebis.

Bei den Alten waren für die Brandbekämpfung die triumviri zuständig, die nocturni genannt wurden, weil sie Wache hielten; zuweilen übernahmen bei Notfällen auch die Aedilen und Volkstribunen diese Aufgabe.

(Digesta I, 15, 1 - Übersetzung Verf.)

Die *Tresviri nocturni* kommandierten eine Gruppe von staatlichen Sklaven, die „*familia publica*", die feuerwehrähnliche Aufgaben ausübte. Diese waren bevorzugt an den Mauern und Toren Roms stationiert, jedoch nicht speziell für Löschaufgaben organisiert, daher konnte sie im Falle eines Brandes auch nicht schnell genug reagieren. Ihre genaue Funktion und Organisation lässt sich nicht mehr erschließen[13]. Auf höherer Verwaltungsebene waren die Aedilen für die Brandbekämpfung verantwortlich. Deren Amtszeit dauerte jedoch nur ein Jahr, so dass aufgrund des permanenten Wechsels an den systematischen Aufbau einer Feuerwehrtruppe und vor allem deren spezifische Ausbildung und sinnvollen Einsatz nicht zu denken war. Gerade in dieser Zeit wuchs die Bevölkerungsanzahl dramatisch, der Wohnungsknappheit wurde durch die Errichtung von mehrstöckigen

---

[13] „Il est impossible d'évaluer avec précision l'importance de cette familia publica utilisée comme soldats du feu": R. Sablayrolles, Libertinus miles - Les cohortes de Vigiles (1996) 21.

IV.2 Feuerwehrwesen der späten Republik und der frühen Kaiserzeit

Wohnblocks, den schon erwähnten *Insulae*, begegnet. Gleichzeitig hielt man die Straßen so eng wie möglich. Die damit einhergehende zunehmende Gefährdung führte zur Bildung von recht abenteuerlichen Feuerwehren.

Als Beispiel sei Marcus Licinius Crassus angeführt. Er war ursprünglich Anhänger des Sulla, und erntete großen Ruhm als Sieger über Spartacus. Er bildete gemeinsam mit Caesar und Pompeius 60 v. Chr. das erste Triumvirat. Im Jahre 53 v. Chr. bescherte er Rom mit seiner Niederlage in der Schlacht bei *Carrhae* gegen die Parther, bei der er selbst den Tod fand, eine der schimpflichsten militärischen Katastrophen. Es sollten über 30 Jahre vergehen, ehe Augustus eine Rückgabe der verlorenen Feldzeichen und die Freilassung der überlebenden Gefangenen erreichen konnte.

Crassus galt als einer der reichsten Männer seiner Zeit und hatte nicht umsonst den Beinamen „*dives*". Crassus konnte einen Teil seines Vermögens dadurch erwirtschaften, dass er eine Art private Feuerwehr aufstellte, die aus 500 Sklaven bestand. Er hatte nämlich, wie antike Quellen zu berichten wissen, sehr wohl bemerkt, dass die Allgemeinheit sich an die täglichen Brände und den ebenso häufigen Einsturz von Gebäuden gewöhnt hatte, als sei es ein unabwendbares Schicksal. Gezielt kaufte er Sklaven mit Architekturkenntnissen und mit bauhandwerklichen Berufen. Diese waren vor allem für den Abriss von Gebäuden spezifisch ausgebildet und spiegelten eine für das 1. Jh. v. Chr. typische Entwicklung wider: Großunternehmer stellten beachtliche Sklaventruppen zusammen, die für ein eng gefasstes Arbeitsgebiet spezialisiert waren, daher rasch und gewinnbringend eingesetzt werden konnten. Dies spielte sich im Falle des Crassus dann nach folgendem Schema ab: Sobald ein Brand ausgebrochen war, trat er am Unglücksort sofort mit dem Besitzer und solchen umliegender Gebäude, die deren baldigen Einsturz befürchteten, in Verkaufsverhandlungen, natürlich bot er Preise weit unter Wert. Willigten diese ein, begannen umgehend die Lösch- und Abrissarbeiten. Lehnten sie ab, ließ Crassus seine Truppe unverrichteter Dinge abziehen. Diese Form der unbüro-

IV. Das Feuerwehrwesen im antiken Rom

kratischen Hilfe scheint sich gelohnt zu haben, denn von Crassus wissen wir u. a., dass er eine öffentliche Speisung an 10.000 Tischen finanzierte und den Ausspruch getan haben soll, man dürfe sich nur dann reich nennen, wenn man aus den Zinsen seines Vermögens ein Heer aufstellen und unterhalten könne.

Weitere Berichte aus dieser Zeit bezüglich einer organisierten Brandbekämpfung sind leider nicht erhalten.

Es war der Aedil Egnatius Rufus, der zu Beginn der Zeit des Octavian/Augustus und damit Jahrzehnte nach Crassus eine erste funktionierende Truppe organisierte, die den Namen Feuerwehr verdiente, indem er Sklaven zum Zwecke der Brandbekämpfung aus eigenen Mitteln bereitstellte. Die Reaktion im Volk war überaus positiv, man setzte durch, dass ihm entstandene Unkosten erstattet wurden. Seine Beliebtheit war so groß, dass er sich auch gegenüber Augustus zunehmend eine Sonderstellung anmaßte. Damit erwuchs für den Princeps eine nicht unerhebliche innenpolitische Krisensituation. Eine Säule der Legitimation seiner Herrschaft, eher sogar ein persönliches Anliegen, war die „*cura*", die öffentliche Wohlfahrt[14]. Viele Bereiche waren staatlicher Fürsorge unterstellt, so das Straßenwesen (*cura viarum*), die Wasserversorgung (*cura aquarum*) und die Instandhaltung öffentlicher Gebäude (*cura operum publicorum*). Augustus sorgte auch gerade aufgrund der Wirren der ausgehenden Republik für ein erhöhtes Sicherheitsgefühl der Bürger, indem er erstmals eine wohlorganisierte und aus mehreren tausend Mann bestehende Polizeitruppe, die *cohortes urbanae* unter dem Kommando eines Stadtpräfekten (*praefectus urbi*) aufstellte. Sueton schreibt in seiner Biographie des Princeps:

> *tutam vero, quantum provideri humana ratione potuit, etiam in posterum praestitit.*

---

[14] Alfred Heuss, Römische Geschichte[6] (1998) 297f.

IV.2 Feuerwehrwesen der späten Republik und der frühen Kaiserzeit

Ja, um ihre Sicherheit auch für die Zukunft zu erhalten, tat er alles, wofür ein Mensch mit seinem Planen vorsorgen kann...

(Sueton, Augustus 28, 3 - Übersetzung H. Martinet)

Es konnte ihm nicht recht sein, dass Egnatius Rufus in diesem Bereich zunehmend an Bedeutung und damit zwangsläufig an politischer Gewichtung beim Volk gewann. Außerdem kam er Augustus möglicherweise auf einem sehr sensiblen Gebiet in die Quere, der Restaurierung der traditionellen Kulte, die seit längerem schmählich vernachlässigt wurden. Der schwelende Streit endete schließlich mit der Hinrichtung des Ädils im Jahre 19 v. Chr. Velleius Paterculus schildert der Vorgänge um Egnatius Rufus überaus detailliert:

Neque multo Post Rufus Egnatius, per omnia gladiatori quam senaton propior, collecto in aedilitate favore populi, quem extinguendis privata familia incendiis in dies auxerat, in tantum quidem, ut ei praeturam continuaret, mox etiam consulatum petere ausus; cum esset omni flagitiorum scelerumque conscientia mersus nec melior illi res familiaris quam mens foret, adgregatis simihimis sibi interimere Caesarem statuit, ut quo salvo salvus esse non poterat, eo sublato moreretur. Quippe ita se mores habent, ut publica quisque ruina malit occidere quam sua proteri et idem passurus minus conspici. Neque hic prioribus in occultando felicior fuit, abditusque carceri eum consciis facinoris mortem dignissimam vita sua obiit...

Nicht lange danach gab es den Fall des Egnatius Rufus. Er war in allem eher einem Gladiator als einem Senator ähnlich, hatte sich aber als Adil die Gunst des Volkes erworben, und indem er einen Trupp aus seinen eigenen Sklaven zur Brandbekämpfung einsetzte, mehrte er diese Gunst von Tag zu Tag, so daß man ihm unmittelbar darauf die Prätur übertrug. Bald wurde er so kühn, daß er sich um das Konsulat bewarb. Da ihn aber wegen all seiner Schandtaten und Verbrechen das schlechte Gewissen drückte und seine Vermögensverhältnisse ebenso miserabel waren wie sein Charakter, sammelte er ähnliche Existenzen um sieh und beschloß, Caesar zu ermorden. Denn da er nicht leben konnte, solange Caesar am Leben war, wollte er ihn aus dem

IV. Das Feuerwehrwesen im antiken Rom

Wege räumen und dann sterben. So ist es ja bei solchen Existenzen: Da will jeder lieber in einem allgemeinen Zusammenbruch umkommen, als für sich allein das gleiche Los zu erleiden, aber dabei weniger Beachtung zu finden. Egnatius hatte bei der Geheimhaltung seines Verbrechens auch nicht mehr Glück als seine Vorgänger. In der Tiefe des Kerkers fand er mit seinen Gesinnungsgenossen ein Ende, das seinem Leben nur zu gut entsprach.

(Velleius Paterculus, Historia Romana II, 91, 3-4; 92, 1; 92, 4 - Übersetzung M. Giebel)

Als im Jahre 23 v. Chr. ein Großbrand in Rom wütete, stellte Augustus erstmals 600 Sklaven eigens für die Brandbekämpfung zur Verfügung. Die Organisation des Löschwesens oblag nun bis zum Jahre 6 n. Chr. den *vici magistri*. Ein Kollegium aus jeweils vier von diesen meist dem Stand der Freigelassenen angehörenden Beamten war für die 265 *vici* verantwortlich[15]. Aber auch diese Regelung vermochte eine wirkungsvolle Brandbekämpfung nicht sicherzustellen.

IV.3 Einrichtung einer „Berufsfeuerwehr" durch Augustus

Als es im Zeitraum 7/6 v. Chr. erneut zu einer ganzen Reihe von Großfeuern kam, bei denen beinahe 30 Prozent Roms zerstört wurden, reagierte Augustus endlich und - scheinbar zum Wohle des Volkes - mit der notwendigen Konsequenz[16]. Er löste die im Jahre 23 v. Chr. eingerichtete Sklaventruppe wieder auf. Die Stadt wurde in 14

---

[15] D. Kienast, Augustus - Prinzeps und Monarch (1982) 164.
[16] D. Kienast, Augustus - Prinzeps und Monarch (1982) 119; R. Sablayrolles, Libertinus miles - Les cohortes de Vigiles (1996) 245ff.; *nur sehr kursorisch: H. Sonnabend, Wie Augustus die Feuerwehr erfand (2002) 169ff*

IV.3 Einrichtung einer „Berufsfeuerwehr" durch Augustus

Abb. 7: Augustus, Marmorporträt

Bezirke = *regiones* und diese in unterschiedlich viele *vici* unterteilt[17]. Diese Einteilung des Augustus blieb bis zum Ende der Antike gültig. Die *Regiones* waren wie folgt gegliedert: *Porta Capena (I), Mons Caelius (II), Isis et Serapis (III), Templum Pacis (IV), Esquilin (V), Alta Semita (VI), Via Lata (VII), Forum Romanum (VIII), Circus Flaminius (IX), Palatin (X), Circus Maximus (XI), Piscina Publica (XII), Aventin (XIII), Transtiberim (XIV)*. Die nun staatlich festgelegten Bezeichnungen, so wie sie uns heute überliefert sind, übernahmen die in augusteischer Zeit im Volk gebräuchlichen Namen, nur in einem Fall stammt diese offenbar aus flavischer Zeit (*Regio IV*). Wenn man bedenkt, wie schnell sich diese Einteilung durchsetzen konnte und wie lange sie gültig blieb, so zeigt dies, dass die Umstrukturierung das Ergebnis einer langen und sorgfältigen Planung war[18].

---

[17] F. Coarelli, Rom. Die Stadtplanung von Caesar bis Augustus, in: Kaiser Augustus und die verlorene Politik, 1988, 76f.
[18] Coarelli a. O. 75.

IV. Das Feuerwehrwesen im antiken Rom

Nun wurde eine ständige Einrichtung geschaffen, die vorwiegend die Bekämpfung von Feuern zur Aufgabe hatte[19]. Mindestens 3500, wahrscheinlich aber 7000 Freigelassene, also ehemalige Sklaven, wurden zu einer stehenden Feuerwehrtruppe - den *Vigiles* - zusammengezogen[20]. Cassius Dio berichtet darüber[21]:

Als zahlreiche Teile der Stadt zu dieser Zeit (6 n. Chr.) durch Feuer zerstört wurden, stellte er eine Truppe von sieben Abteilungen mit Freigelassenen auf, die in solchen Fällen Hilfe leisten sollten. Er setzte als Befehlshaber über diese einen Ritter ein und hoffte, diese Truppe nach kurzer Zeit wieder auflösen zu können. Dies tat er aber dann doch nicht, weil die Erfahrung zeigte, dass deren Hilfe sehr willkommen und nützlich war. Diese Vigiles existieren bis auf den heutigen Tag als eine Spezialtruppe, wie man sagen könnte. Die Mitglieder entstammen nicht mehr nur dem Stand der Freigelassenen, sondern allen Ständen. Sie besitzen eigene Kasernen innerhalb der Stadt und werden aus öffentlichen Mitteln bezahlt.

(Cassius Dio 55, 26, 4 Übersetzung Verf.)

Die Rekrutierung aus dem Freigelassenenstand betonte den eher nichtmilitärischen Charakter, da zu dieser Zeit Dienst bei regulären Truppen nur römischen Bürgern vorbehalten war[22]. Mit der Aufstellung einer gut organisierten und zahlenmäßig sehr großen Truppe, die aber bewusst zivile und (para-)militärische Aufgaben in sich vereinte, wurden auch mögliche Konflikte vermieden, die eine rein militärische

---

[19] F. Coarelli, Rom. Die Stadtplanung von Caesar bis Augustus, in: Kaiser Augustus und die verlorene Politik, 1988, 77f.
[20] Zuweilen findet sich die Angabe, es habe sich anfangs lediglich um 3500 Männer gehandelt, deren Zahl im 3. Jh. n. Chr. aufgestockt wurde. Vorwiegend ist in der Literatur aber die Angabe von 7000 Mitgliedern festgehalten. Zur Diskussion diesbezüglich: R. Sablayrolles, Libertinus miles - Les cohortes de Vigiles (1996) 26ff., bes. 30f.
[21] Siehe auch Sueton, Augustus 25, 30; Tacitus, Annalen I 3, 27.
[22] Zur Kombination von militärischen und nichtmilitärischen Charakteristika: Sablayrolles, a. O. 1. 245.

IV.3 Einrichtung einer „Berufsfeuerwehr" durch Augustus

Struktur sicherlich heraufbeschworen hätte. Daher waren die *Vigiles* vom Ansehen auch niedriger einzustufen als selbst Auxiliareinheiten[23]. Dies läßt sich auch aus einer Stelle bei Sueton erschließen:

libertino milite, praeterquam Romae incendiorum causa et si tumultus in graviore annona metueretur, bis usus est: semel ad praesidium coloniarum Illyricum contingentium, iterum ad tutelam ripae Rheni fluminis

Einmal abgesehen von den Fällen, wenn in Rom Feuersbrünste wüteten oder man bei zu sehr gestiegenen Preisen für Getreide Angst vor einem Aufstand hatte, griff er auf Freigelassene als Soldaten nur zweimal zurück: einmal zum Schutz der Kolonien, die an der Grenze zu Illyrien lagen, das andere Mal zum Schutz des Rheinufers.

(Sueton, Augustus 25, 2 - Übersetzung H. Martinet)

Sie waren aber nach militärischem Muster in sieben Kohorten à 1000 Mann zu je sieben Zenturien untergliedert. Jede Kohorte war für zwei der insgesamt 14 Stadtbezirke verantwortlich, die *stationes* wurden jeweils auf den Grenzen der Regiones positioniert. Dies zeigt, dass die Organisation des Löschwesens und die Neueinteilung des Stadtgebietes einem gemeinsamen Planungskonzept entstammte[24]. Die Feuerwache Roms scheint demnach nicht ausschließlich der Reaktion auf eine Notlage zu entstammen, sondern auch Teil des politischen Konzeptes des Augustus gewesen zu sein. Nicht zuletzt die Angabe bei Cassius Dio, der Princeps habe gehofft, die Truppe nach einer gewissen Zeit auflösen zu können, spricht gegen die Annahme, es habe sich um eine rein dem Gemeinwohl bestimmte Einrichtung gehandelt[25]. Doch dazu später mehr.

---

[23] P. K. Baillie Reynolds, The Vigiles of Imperial Rome (1926 (Neudruck unveränd. 1996)) 23.

[24] F. Coarelli, Rom. Die Stadtplanung von Caesar bis Augustus, in: Kaiser Augustus und die verlorene Politik, 1988, 78.

[25] Cassius Dio 55, 26, 5; R. Sablayrolles, Libertinus miles - Les cohortes de Vigiles (1996) 95ff.

IV. Das Feuerwehrwesen im antiken Rom

Die Vigiles wurde von einem Tribun befehligt[26]. Das Kommando über die Gesamtmannschaft hatte der *Praefectus vigilum*[27]. Der Posten wurde mit Angehörigen des Ritterstandes besetzt. Damit wurde dieses Amt Teil der ritterlichen Laufbahn, die hierarchisch gegliedert war und seit dem 1. Jahrhundert n. Chr. eine dem *cursus* der Senatoren immer ähnlichere Charakteristik zeigte[28]. Nach dem Einstieg beim Heer, beispielsweise als Präfekt einer Auxiliareinheit oder als *primus pilus*, durchliefen die Angehörigen des Ritterstandes als Tribunen die drei städtischen Ämter bei den Vigiles, den *Cohortes urbanae* und schließlich den Prätorianern, um dann erneut ein Heeresamt anzutreten und danach weitere Ämter zu bekleiden, die in ihrer Bedeutung immer höher einzustufen waren[29].

Leider existieren keine Quellen, die Rückschlüsse auf die Kriterien erlauben könnten, nach denen neue Mitglieder für die Vigiles angeworben wurden. Im 2. und 3. Jh. n. Chr. scheinen pro Jahr und Zenturie 10 - 15 neue Mitglieder rekrutiert worden zu sein[30]. Die Aufgabe oblag offenbar dem Präfekten. Auch scheint das Einstiegsalter relativ variabel gewesen sein, es lag meist zwischen 19 und 23 Jahren[31]. Nur drei Veteranen der Vigiles sind inschriftlich faßbar, eine einzige fragmentarische Inschrift gibt Aufschluss über das Dienstende eines Vigilen. „... *vet(e)rano ex coh(orte) (tertia) vig(ilum) missus honest(a) / missione mil[...]*"[32]. Eine genaue Aussage zur Dauer des Dienstes ist demzufolge auch nicht möglich, sie dürfte ca. 20 Jahre betragen

---

[26] Digesta I 15, 3; P. K. Baillie Reynolds, The Vigiles of Imperial Rome (1926 (Neudruck unveränd. 1996)) 22.
[27] Cassius Dio 52, 24, 3.
[28] R. Sablayrolles, Libertinus miles - Les cohortes de Vigiles (1996) 73ff.
[29] F. Millar, Das römische Reich und seine Nachbarn. Die Mittelmeerwelt im Altertum IV (1966) 22.
[30] Sablayrolles, a. O. 323.
[31] Sablayrolles, a. O. 317.
[32] CIL VI, 32754; Sablayrolles, a. O. 342ff.

IV.3 Einrichtung einer „Berufsfeuerwehr" durch Augustus

haben[33]. Ebenso dürftig sind die Informationen bezüglich der Besoldung. Da keine genauen Angaben vorliegen, hat man vermutet, der Sold sei mindestens so hoch wie der von Legionären der regulären Truppenteile gewesen[34].
Mussten die Mitglieder zunächst möglicherweise selbst für ihre Unterkunft sorgen, errichtete man bald regelrechte Kasernen und Gerätehäuser. Sieben *stationes* und vierzehn kleiner Posten, *excubitoriae*, wurden eingerichtet[35].

Hauptaufgabe der Vigiles war die Verhinderung von Bränden. Zu diesem Zweck patrouillierten sie insbesondere nachts durch die Stadt:

sciendum est praefectum vigilum per totam noctem vigilare debere et coërrare calceatum cum hamis et dolabris

Es versteht sich von selbst, dass die Feuerwächter die ganze Nacht über wachen sowie mit Eimern und Äxten ausgerüstet Streife gehen müssen.

(Digesta 1, 15, 3 - Übersetzung Verf.)

Dabei achteten sie auf die Einhaltung staatlicher Brandvorschriften. Bei Nachweis einer Verletzung der Sorgfaltspflicht durch Hausbesitzer konnten diese von den Vigiles zur Rechenschaft gezogen werden. Sie waren autorisiert, bei Verdacht auf Feuer in Häuser und Wohnungen einzudringen. Bei Petronius ist diese Befugnis Gegenstand einer recht wüsten Szene:

(78.5) ibat res ad summam nauseam, cum Trimalchio ebrietate turpissima gravis novum acroama, cornicines, in triclinium iussit adduci, fultusque

---

[33] R. Sablayrolles, Libertinus miles - Les cohortes de Vigiles (1996) 322. 329.
[34] P. K. Baillie Reynolds, The Vigiles of Imperial Rome (1926 (Neudruck unveränd. 1996)) 68; Sablayrolles, a. O. 333.
[35] Cassius Dio 57, 19, 6; Sueton, Tiberius 37, 1; siehe auch: Sueton, Claudius 18, 1; P. K. Baillie Reynolds, The vigiles of Imperial Rome (1926) 43ff.; S. B. Platner, Th. Ashby, A topographical Dictionary of Ancient Rome (1929) 128f.

IV. Das Feuerwehrwesen im antiken Rom

cervicalibus multis extendit se supra torum extremum et „fingite me" inquit „mortuum esse. (6) dicite aliquid belli". consonuere cornic[in]es funebri strepidu. unus praecipue servus libitinarii illius, qui inter hos honestissimus erat, tam valde intonuit, ut totam concitaret viciniam. (7) itaque vigiles, qui custodiebant vicinam regionem, rati ardere Trimalchionis domum effregerunt ianuam subito et cum aqua securibusque tumultuari suo iure coeperunt.

Die Geschichte wurde endgültig zum Speien, als Trimalchio, der unter einem ganz abscheulichen Rausch stand, zu einem seltsamen Konzert Hornisten in den Speisesaal beorderte, mit vielen Kopfkissen als Stütze sich der Länge nach über das Sofa ausstreckte und sagte: „Tut so, als ob ich tot wäre: tragt etwas Nettes vor!" Die Hornisten bliesen ein Tutti von einer Lautstärke wie bei Todesfällen. Vor allem irgendein Sklave des erwähnten Bestattungsunternehmers, der in dieser Gesellschaft ein feiner Mann war, ließ ein solches Fortissimo los, daß er die ganze Nachbarschaft aufschreckte. So glaubten die Feuerwehrleute, die den Nachbarbezirk zu bewachen hatten, Trimalchios Haus stehe in Flammen, brachen unversehens die Haustür auf und begannen kraft Amtsbefugnis mit Wasser und Beilen Wirbel zu machen.

(Petronius, Satyricon 78, 5-7 - Übersetzung K. Müller - W. Ehlers)

Die Vigiles übten zusätzliche Polizeifunktionen aus, kontrollierten Zugänge und Türen, um Dieben das Handwerk zu erschweren und machten zudem gelegentlich Jagd auf Brandstifter[36]. In politisch unruhigen Zeiten wurden sie dem Stadtpraefekten von Rom als Sicherheitstruppe beigestellt[37]. Deutlich wird dies während der Auseinandersetzungen zwischen Vitellius und Vespasian in den Wirren nach dem Tode Neros. In dieser Situation versuchen vornehme Bürger Roms, den Stadtpräfekten Flavius Sabinus davon zu überzeugen, sich die Gunst der Stunde zunutze zu machen:

---

[36] Tacitus, Historien 3, 64; 3, 69.
[37] R. Sablayrolles, Libertinus miles - Les cohortes de Vigiles (1996) 96f.

IV.3 Einrichtung einer „Berufsfeuerwehr" durch Augustus

At primores civitatis Flavium Sabinum praefectum urbis secretis sermonibus incitabant, victoriae famaeque partem capesseret: esse illi proprium militem cohortium urbanarum, nec defuturas vigilum cohortes...

Auf der anderen Seite ermunterten die vornehmsten Bürger Roms den Stadtkommandanten Flavius Sabinus durch geheime Unterredungen, er solle sich seinen Anteil an Sieg und Ruhm nicht entgehen lassen. Die Soldaten der Stadtkohorten seien ihm persönlich unterstellt, an seiner Seite stünden die Kohorten der Vigiles.

(Tacitus, Historien 3, 64 - Übersetzung J. Borst)

Eine weitere wichtige Funktion des Kommandanten der Vigiles betraf die Rechtsprechung[38]. Schon unter Augustus wurden ihm nach und nach Aufgaben der Jurisdiktion zugewiesen, obwohl dies ursprünglich sicher nicht beabsichtigt war. Das Amt des Präfekten hatte demnach offensichtlich eine Sonderstellung:

Praefectus annonae et vigilum non sunt magistratus sed extra ordinem utilitatis causa constituti sunt.

Praefectus annonae und Praefectus vigilum sind nicht als Staatsbeamte zu verstehen, sondern wurden geschaffen, um für außerordentliche Aufgaben herangezogen werden zu können.

(Digesta I, 22, 2, 33 - Übersetzung Verf.)

Trajan verfügte, dass bei Brandstiftungsprozessen der *Praefectus vigilum* den Vorsitz zu führen hatte. In seiner Funktion hatte er außerdem unter anderem darüber zu entscheiden, ob Marktstände aufgestellt werden durften oder nicht - generell hatte er Rechtsstreitigkeiten zu klären, die das innerstädtische Straßen- und Bauwesen und die öffentliche Sicherheit betrafen[39]:

---

[38] R. Sablayrolles, Libertinus miles - Les cohortes de Vigiles (1996) 94ff.
[39] Sablayrolles, a. O. 104f.

IV. Das Feuerwehrwesen im antiken Rom

Cognoscit praefectus vigilum de incendariis, effractoribus, furibus, raptoribus, receptatoribus, nisi si qua tam atrox tamque famosa persona sit ut praefecto Urbi remittatur. Et quia plerumque incendia fiunt culpa inhabitantium, aut fustibus castigat eos qui neglegenter ignem habuerunt aut severa interlocutione comminatus fustium castigationem remittit.

Der Praefectus vigilum hält Gericht bei Fällen von Brandstiftung, Einbruchsdelikten, Diebstahl, schwerem Raub und Hehlerei, es sei denn, die Schwere der Tat oder das Ansehen der Person machen eine Überstellung zum Stadtpräfekten erforderlich. Und da die meisten Brände durch Verschulden der Bewohner selbst entstehen, verhängt er entweder Prügelstrafen für diejenigen, die aufgrund von Fahrlässigkeit ein Feuer verursacht haben, oder er gewährt nach strengem Verweis Gnade von der Strafe der körperlichen Züchtigung.

(Digesta I, 15, 3; I, 15, 4 - Übersetzung Verf.)

Wie undeutlich allerdings die rechtlichen Befugnisse des *Praefectus vigilum* gegenüber den Nachbarressorts abgegrenzt waren, zeigt sich in der Tatsache, dass die einzige vollständig erhaltene Niederschrift eines Prozesses, der von dieser Präfektur durchgeführt wurde, von einem langandauernden Streit mit der Walkerzunft im Zeitraum 226 bis 244 n. Chr. handelt, die hartnäckig auf dem Recht der freien Nutzung eines öffentlichen Platzes beharrte[40].

Die Befugnisse des Präfekten hinsichtlich des Strafmaßes waren offensichtlich begrenzt. So war es ihm nicht möglich, die Todesstrafe zu verhängen. In schwerwiegenden Fällen, dies wissen wir aus Konstaninopel im 4. Jh. n. Chr., war er gehalten, die Entscheidung einer höheren Instanz zu übertragen:

---

[40] F. Millar, Das römische Reich und seine Nachbarn. Die Mittelmeerwelt im Altertum IV (1966) 22.

Praefecti vigilum huius urbis nihil de capitalibus causis sua auctoritate statuere debent, sed si quid huiusmodi evenerit, culmini tuae potestatis referre, ut de memoratis causis celsiore sententia iudicetur.

Die Präfekten der Vigiles dieser Stadt sollen bei Kapitalverbrechen keinesfalls eigenmächtig entscheiden, sollte sich jedoch etwas derartiges ereignen, müssen sie den Fall deiner höchstrichterlichen Autorität vortragen, damit gewährleistet ist, dass bei den genannten Fällen auf höheren Beschluss geurteilt werde.

(Cod. Just. I. 43. 1 - Übersetzung Verf.)

„Berufsfeuerwehren" nach dem Muster von Rom gab es nur in drei weiteren Städten, nämlich Karthago, Lyon und später Konstantinopel.

III.4 Politische Gründe für die Schaffung der Vigiles durch Augustus

Aus einer Stelle bei Paulus geht hervor, dass Augustus die Einrichtung der Vigiles als persönliche Angelegenheit betrachtete:

Divus Augustus maluit per se huic rei consuli.

Augustus zog es vor, diese Angelegenheit persönlich zu erörtern.

(Digesta I, 15, 1 - Übersetzung Verf.)

Die Tatsache, dass Egnatius Rufus wenige Jahre zuvor auf eigene Kosten eine Feuerwehrtruppe aufstellte, dadurch große Beliebtheit erlangte und damit in Konkurrenz zu Augustus trat, ist allein als Argument für das Entstehen der Vigiles bzw. deren Vorläufer nicht ausreichend. Denn bei dieser Sichtweise müsste doch verwundern, wie halbherzig Augustus sich dieses Problems zunächst annahm. Vielmehr sind die Hauptgründe im unter Augustus etablierten neuen poli-

IV. Das Feuerwehrwesen im antiken Rom

tischen System begründet, als dessen fester Bestandteil eine umfangreiche Baupolitik zu sehen ist. Es ist keineswegs übertrieben, wenn man anführt, Augustus habe sich als eine Art neuer Romulus und Stadtgründer empfunden[41]. Auf dem Gebiet der Architektur erfolgte die Einrichtung des Prinzipats in zwei wesentlichen Stufen: eine religiöse Erneuerung (*pietas*) wurde ergänzt durch eine Fürsorge für öffentliche Gebäude[42]. Die Einrichtung der bereits erwähnten *cura operum publicorum* zeigt in diesem Zusammenhang, dass Augustus nicht etwa auf die Errichtung pompöser Prunkbauten allein wegen deren Wirkung fixiert war, sondern dass nach der Fertigstellung vielmehr dafür gesorgt wurde, diese Gebäude in ihrem nicht unerheblichen Wert zu erhalten, ein deutliches politisches Signal. Die Gründe hierfür lagen in den Wirren der ausgehenden Republik begründet. Spätestens seit Cato, dem Älteren sah man in der Abkehr von den Göttern und der Vernachlässigung der ihnen zugedachten Gebäude einen Hauptgrund für den desolaten Zustand der Gesellschaft mit all ihren moralischen Verfehlungen und dem daraus resultierenden politischen Niedergang. Horaz hatte diese düstere Erblast in drohenden Worten zum Ausdruck gebracht:

Delicta maiorum inmeritus lues,
Romane, donec templa refeceris
aedisque labentis deorum et
foeda nigro simulacra fumo.

Befleckt bleibst Du durch die Schuld deiner Väter,
Römer, bis du die Tempel wiederhergestellt hast
und all die verfallenen Heiligtümer
mit ihren vom Rauch geschwärzten Götterbildern.

(Horaz, Carmina III 6 - Übersetzung M. Simon)

---

[41] F. Coarelli, Rom. Die Stadtplanung von Caesar bis Augustus, in: Kaiser Augustus und die verlorene Politik, 1988, 75.
[42] P. Zanker, Augustus und die Macht der Bilder3 (1997) 108ff.

III.4 Politische Gründe für die Schaffung der Vigiles durch Augustus

Die Wiederherstellung religiöser Tradition hatte höchste Priorität. Im Jahre 28 v. Chr. begann die systematische Restaurierung der Tempel, und diese wurde konsequent über einen Zeitraum von fast 40 Jahren fortgeführt. Augustus hat diese Aktivitäten in seinem Tatenbericht festgehalten:

> *Duo et octoginta templa deum in urbe consul sextum ex auctoritate senatus refeci, nullo praetermisso quod eo tempore refici debebat.*

> *In meinem 6. Konsulat habe ich im Auftrag des Senats 82 Göttertempel in der Stadt wiederhergestellt und dabei keinen ausgelassen, der zu dieser Zeit einer Erneuerung bedurfte.*

(Augustus, Res gestae 20 - Übersetzung M. Giebel)

Augustus beließ es nicht nur bei der Restaurierung der Gebäude, vielmehr wurden auch die damit verbundenen Kulte wiederbelebt oder - besser gesagt - rekonstruiert, soweit dies überhaupt noch möglich war. Wie ernst Augustus diese Aufgabe anging, lässt sich aus der Tatsache ableiten, dass Bautätigkeiten an Heiligtümern allein der Herrscherfamilie vorbehalten blieben. Wie das Beispiel des Augustusforums zeigen wird, wurden die neuen Anlagen überdies architektonisch bewusst geschützt. Bei den Neubauten setzte man im Gegensatz zu den alten Tempeln mit Holzdächern und Terrakottaschmuck nun vermehrt auf das Material Marmor, verstärkt flossen griechische Formen und Ornamentik ein, in Kombination mit römischer Tradition. „Durch die Oden des Horaz ahnt man bereits, wie verwoben die Motive der Baurestauration, der neuen moralischen Ordnung und der offiziellen Feste in der erneuerten Stadt sind. Gleichzeitig erscheinen die Tempel und Portiken auf Reliefs der iulisch-claudischen Zeit als ein notwendiges Dekor für die Hauptereignisse des öffentlichen Lebens, in dem der Kaiser die Hauptrolle spielt"[43]. Weiter heißt es in der soeben zitierten Stelle „Die Heiligtümer, die Prozessionswege, die

---

[43] P. Gros - G. Sauron, Das politische Programm der öffentlichen Bauten, in: Kaiser Augustus und die verlorene Politik, 1988, 64.

IV. Das Feuerwehrwesen im antiken Rom

sie verbanden, und der resakralisierte Raum um sie herum spielen die Rolle des Dekors als materielle Zeugnisse und Garanten für dieses neue Zeitalter"[44].

Aber nicht nur die über das Stadtgebiet verteilten Heiligtümer waren Teil der neuen Staatsordnung. Auch das altehrwürdige Forum Romanum wurde einer Umgestaltung unterzogen, die Erinnerung an frühere große Zeiten trat dabei in den Hintergrund zugunsten der glanzvollen Gegenwart. Mit der Neuerrichtung der Tempel für Castor und Pollux und für Concordia, beides prunkvolle Gebäude aus Marmor, sowie der Errichtung der monumentalen Basilika Iulia und einer Portikus vor der Basilika Aemilia hatte das Forum Romanum ein neues Antlitz erhalten. Dazu traten zahlreiche Ehrenmonumente, die an die militärischen Erfolge des Princeps erinnerten. Es versteht sich von selbst, dass diese Monumente keinesfalls dem Verfall preisgegeben werden durften, die Zerstörung durch Feuer kam einer schweren militärischen oder politischen Niederlage gleich. Welch herausragende sakrale Bedeutung Augustus dem altehrwürdigen Forum Romanum beimaß und welchen Respekt er demzufolge auch von seinen Untertanen erwartete, zeigt sich nicht zuletzt in der Tatsache, dass er die Aedilen anwies, dafür zu sorgen, dass alle Leute den Ort nur noch in Toga betreten durften und an den Eingangsbereichen ihre Mäntel abzuliefern hatten[45]. Wir können also getrost davon ausgehen, dass mit der Einrichtung der Vigiles weniger eine Rettungstruppe im modernen Sinne intendiert war, sondern vielmehr ein öffentliches Werkzeug mit klaren Prioritäten: die Rettung der staatlichen Monumente als Wohnstatt altehrwürdiger Gottheiten und - vor allem - aufgrund ihrer politischen Symbolkraft als Kulissen einer neuen Ära hatte Vorrang vor dem Schutz von Privatbesitz.

Ein weiteres Indiz vermag diese These zu untermauern. Augustus sorgte mit seiner Politik auch in den Provinzen für eine bis dato nicht

---

[44] P. Gros - G. Sauron, Das politische Programm der öffentlichen Bauten, in: Kaiser Augustus und die verlorene Politik, 1988, 64. .

[45] Gros - Sauron, a. O. 57.

III.4 Politische Gründe für die Schaffung der Vigiles durch Augustus

gekannte Bautätigkeit. Die Städte überboten sich geradezu darin, neue repräsentative Monumente nach den Vorbildern in Rom zu errichten[46]. Dies lässt sich unter anderem sehr gut am Forum in Pompeji nachweisen, wo bestehende Gebäude oder auch komplette Neubauten Details stadtrömischer Bauten genau nachbildeten[47].
Augustus war es gelungen, ein politisches Umfeld zu generieren, das auch in den Provinzen die wohlhabende Bürgerschicht geradezu in Zugzwang brachte, private Mittel für repräsentative Bauten zu „stiften" und dies dann als freiwillige Tat zum Wohle der Allgemeinheit und zu Ehren des Princeps zu deklarieren[48]. Um dies zu erläutern, ist ein kurzer Exkurs notwendig: Nachdem Augustus als Sieger aus jenen Auseinandersetzungen hervorgegangen war, die das Ende der römischen Republik eingeläutet hatten, galt es nun, diese Machtstellung zu konsolidieren – insbesondere gegenüber aristokratischen Familien, die einer sich konstituierenden Monarchie mit äußerstem Misstrauen begegneten und ihr teilweise in offener Feindschaft gegenüberstanden. Wie waren führende Familien für augusteische Ideale zu interessieren und wie konnte man sie für Investitionen gewinnen, die ja letztendlich der Festigung der Stellung des Augustus und der von ihm installierten Herrschaft dienten? Eine „Zielgruppe", in der noch zu Beginn der augusteischen Ära offensichtlich die Ansicht legitim war:

vos sapere et solos aio bene vivere, quorum conspicitur nitidis fundata pecunia villis

...nur die verstehen zu leben, deren Geld man in prächtig gebauten Villen angelegt sieht.

(Horaz, Epistulae 1, 15, 45-46 - Übersetzung Verf.)

---

[46] P. Zanker, Augustus und die Macht der Bilder³ (1997) 299ff.
[47] K. Wallat, Die Ostseite des Forums von Pompeji (1997) 289ff.
[48] Verf., „Private Stiftungen im römischen Imperium. Staatliche Akquisition bei potenziellen Investoren zur Finanzierung von Großprojekten" - Vortrag in Freiburg 2000 (ungedruckt).

IV. Das Feuerwehrwesen im antiken Rom

Eine Bevölkerung, deren Mentalität sich in Fußbodeninschriften wie *salve lucrum; lucrum gaudium; lucru(m) ac[c]ipe; cras credo* widerspiegelt.
Die von Augustus geschaffene Staatsordnung könnte nach modernen Gesichtspunkten etwa so umrissen werden: Sie „wird als zentraler Bestandteil in ein situatives handlungsorientiertes Grundmodell eingebettet, welches den Bezugsrahmen ... darstellt. Ein solcher Bezugsrahmen dient als Ordnungsschema für die Entwicklung erkenntnis- und handlungsbezogener Vorstellungen über die Realität. Der Aspekt des Entscheidungs- und Gestaltungsrahmens für die Führungssituation steht dabei im Vordergrund. Er besteht aus Zielen, Aktionsparametern und Bedingungen..."[49].
„In Sozialsystemen erhalten Ideen erst dann handlungsleitende Kraft, wenn sie in Form eines bestimmten Weltbildes bzw. einer bestimmten Lebensordnung institutionalisiert werden"[50].
Wir dürfen vermuten, dass Augustus in genau diesem Sinne gehandelt hat und erfolgreich war. Die Zitate entstammen nicht etwa einer historischen Studie, sondern einer wirtschaftswissenschaftlichen Arbeit, die sich Fragen des optimierten Managements von Unternehmen widmet.
Stiftungen römischer Bürger werden meist damit erklärt, dass die Bekleidung öffentlicher Ämter Investitionen erforderlich machte. Bei Zanker wird systematisch erarbeitet, dass die Familien sich völlig an Vorbilder aus Rom und selbst Darstellungsweisen des Kaiserhauses anglichen[51]. Wie aber passt dies zu dem Bild von gleichzeitig selbstbewusst agierenden und hart kalkulierenden Unternehmern, die insbesondere in den Provinzen auf Macht- und Gewinnmaximierung aus waren und die ganz bestimmt nicht eines Vorbildes bedurften, dass ihnen neue Leitmotive vorgab.
Augustus also musste zur Durchführung seiner Interessen ein Konzept präsentieren, das einerseits seine wahren Ziele – eben die Konsti-

---

[49] A. Greis, Varianten des Führungsmix für strategische Divisionen (1999) 3.
[50] Greis, a. O. 111.
[51] P. Zanker, Augustus und die Macht der Bilder3 (1997) passim.

III.4 Politische Gründe für die Schaffung der Vigiles durch Augustus

tuierung und vor allem Konsolidierung einer Art Monarchie – verschleierte, andererseits den Bedarf an finanziellen Mitteln für den Ausbau der Städte sicherstellte. Es galt ein Umfeld zu schaffen, das den finanziellen Potentaten sozusagen in Zugzwang brachte. Augustus hatte sich gleich zu Anfang seines Tatenberichts gerühmt, die Ordnung im Staat durch ein aus eigenen Mitteln finanziertes Heer wiederhergestellt zu haben. Dieser Umstand war natürlich auch schon vorher bekannt, überspitzt könnte man sagen, er habe *sua pecunia* einen ganzen Staat restauriert und modifiziert, damit war das deutliche Signal gesetzt, dass weiteres Engagement von Seiten finanzkräftiger Bürger nur billig ist.

Zur Durchsetzung dieser Ziele war es dem Princeps gelungen, sich eine Klientel zu schaffen, die seine Ideologie begeistert nach außen trug – die Gruppe der Freigelassenen, durch ein vielfaches Netz von Abhängigkeiten ganz bewusst und planmäßig an ihn gebunden und ihm verpflichtet – eine Gruppe, die noch kurze Zeit zuvor wegen Ungerechtigkeiten hinsichtlich ihrer rechtlichen Stellung heftige Unruhen verursacht hatte. Augustus konstituiert nun eine bevorrechtete Schicht, gekettet an ihn durch eine von ihm selbst geschaffene Loyalitätsreligion. Diese Gruppe wird sozusagen als Keimzelle in den Gemeinden tätig, als Träger der „Firmenphilosopie". Zanker spricht von einer „Bedenkenlosigkeit" mit der Augustus mit seinen Bauten die Stadt Rom besetzte. Die gleichzeitige Vorgehensweise gegen privaten Luxus signalisiert dabei deutlich die Absicht, private Vermögen für öffentliche Interessen einzuspannen. Dass die Bauten meist allen Bürgern zugute kamen, diente da zusätzlich Augustus, weniger dem Stifter. Die Motivation wohlhabender Bürger zur Investition in Bauten entsprang einer Mischung aus sozialer Verantwortung, lokaler Verpflichtung und politischer Nötigung. Als Lohn winkten gestiegenes Ansehen in der Gemeinde und ein politisches Amt, womöglich eine nicht geringe Werbewirkung für die eigenen Betriebe und deren Produktpalette. Wer die Stadt durch Bereitstellen finanzieller Mittel unterstützte, legte automatisch auch ein öffentliches Bekenntnis zur neuen Staatsordnung und Loyalität gegenüber dem Herrscher ab.

IV. Das Feuerwehrwesen im antiken Rom

Die Städte traten in einen regelrechten Konkurrenzkampf hinsichtlich der Kaiserverehrung. Bewiesen sie am Anfang noch Originalität, so zeigte sich recht bald eine Art Standardisierung, eher eine Art Gleichschaltung. Die Bauten waren also wesentlicher Teil einer Politik. Man muss davon ausgehen, dass Interessenvertreter augusteischer Ideologie, deren Motivation oft in umgekehrtem Verhältnis zu ihren finanziellen Möglichkeiten stand, gezielt an die Oberschicht herantraten, um unter dem Deckmantel der Loyalität gegenüber dem Kaiserhaus längst fällige oder auch einem reinen Luxusbedürfnis entspringende Projekte zu realisieren. Der öffentliche Druck auf die Oberschicht war so groß, dass diese sich den Verpflichtungen nicht oder nur schwer entziehen konnte. Es bedarf keiner allzu großen Phantasie, um sich vorzustellen, wie bei so mancher Einweihung ein griesgrämiger Mäzen zähneknirschend Huldigungen an seine Person erduldete und insgeheim kalkulierte, innerhalb welchen Zeitraums er die investierte und damit unwiederbringlich verlorene Summe wieder hereinholen könne. Natürlich waren die Stiftungen nicht ganz uneigennützig. Die Inschriften führten jedem deutlich das Engagement des Geldgebers vor Augen, hatten damit auch – wie bereits dargelegt - eine beträchtliche Wirkung in der Öffentlichkeit. Denn schon in dieser Zeit hatte der Konsum eine wichtige sozialkommunikative Funktion[52]. Natürlich spielten kultische Aspekte und solche des Glaubens und Aberglaubens eine gewichtige Rolle. Dennoch ist es auch legitim, in jenen Stiftern nüchtern kalkulierende Geschäftsleute zu sehen, die auch oder vielleicht vorwiegend den wirtschaftlichen Fortbestand ihrer Betriebe im Auge hatten. Die um der politischen Stabilität willen in den sauren Apfel bissen und sich zu Investitionen bewegen ließen, die ihr Privatvermögen oft nicht unbeträchtlich belasteten.

Auch in den Provinzen zeigt sich also, dass öffentliche Anlagen, deren Bauprogramm politische Inhalte aus Rom in die betreffende Stadt

---

[52] O. W. Haseloff, Personale und soziale Funktionen des privaten Verbrauchs (1992) 149. 151; M. Supper, Der „heimliche Lehrplan" in der Verbrauchererziehung durch Werbung und Medien (2000) 18.

übertrug, absolute Priorität hatten. Und auch dort galt es, diese Zeugnisse der neuen politischen Situation zu pflegen, zu bewahren und zu schützen.

Augustus hat also eine Feuerwehr nach unserem Verständnis überhaupt nicht geschaffen, vielmehr bildeten die Vigiles ein Werkzeug, dessen Aufgabe in der Unterstützung des vom Princeps initiierten und propagierten politischen Systems bestand. Wenn die Organisation der Vigiles im Laufe der Zeit zunehmend die Charakteristik einer Feuerwehr annahm, wie wir sie heute verstehen, so ist dies ein evolutionärer Prozess, der erst nach dem Tod des Augustus allmählich einsetzte.

III.5 Freiwillige Feuerwehren

Spätestens seit Augustus war man, dies hat das vorhergehende Kapitel aufzeigen wollen, in den Provinzen bestrebt, vor allem architektonische Muster der Stadt Rom zu kopieren oder zumindest nachzuahmen - und importierte damit die spezifische Brandproblematik bestimmter Gebäudetypen. Die Städte und Gemeinden mussten sich selbst um den Brandschutz kümmern. Man vertraute diese Aufgabe in der Regel Handwerkergilden an. Insbesondere während der Regierungszeit des Augustus und seiner unmittelbaren Nachfolger formierten sich diese neuen Zellen sozialen Lebens, sog. *collegia* aus Berufsverbänden bestimmter Gruppen von Handwerkern[53]. In den Provinzen übernahmen diese oft zugleich Funktionen des Schutzes vor Schadensfeuern. Unter diesen wurden die Filzmacher bevorzugt für die Aufgaben der Brandbekämpfung herangezogen. Dies ist sicher erstaunlich, hätte man doch ganz andere Berufszweige wie Schreiner, Zimmerleute oder Bauhandwerker erwartet, also Tätigkeiten, deren praktische Kenntnisse bei einem Einsatz sicher dienlicher gewesen wären. Die Mitgliedschaft war freiwillig, außerdem gewährte der Kai-

---

[53] K. Christ, Die Römer (1979) 80.

IV. Das Feuerwehrwesen im antiken Rom

ser aufgrund der gefährlichen Tätigkeit Steuererleichterungen. Allerdings scheinen diese Gilden politisch nicht unproblematisch gewesen zu sein. Ein Briefwechsel zwischen Plinius d. J. und Trajan behandelt die Aufstellung einer Feuerwehrtruppe in Nicomedia. Plinius fragt an:

Tu, domine, dispice, an instituendum putes collegium fabrorum dunitaxat hominum CL. ego attendam, ne quis nisi faber recipiatur neve iure concesso in aliud utantur; nec erit difficile custodire tam paucos.

Überlege doch bitte, Herr, ob man nicht eine Handwerkergilde von wenigstens 150 Mann bilden sollte. Ich werde darauf achten, daß nur Handwerker aufgenommen werden und sie ihre Konzession zu nichts anderem benutzen; eine so geringe Zahl wird sich unschwer überwachen lassen.

(Plinius, Epist. X 33 - Übersetzung H. Kasten)

Trajan lehnt aber aufgrund schlechter Erfahrungen in der Vergangenheit und daraus resultierenden politischen Unruhen ab:

Tibi quidem secundum exempla complurium in mentem venit posse collegium fabrorum apud Nicomedenses constitui. sed meminerimus provinciam istam et praecipue eas civitatis eius modi factionibus esse vexatas. quodcumque nomen ex quacumque causa dederimus iis, qui in idem contracti fuerint, hetaeriae eaeque brevi fient. Satius itaque est comparari ea, quae ad coercendos ignes auxilio esse possint, admonerique dominos praediorum, ut et ipsi inhibeant, ac, si res poposcerit, accursu populi ad hoc uti.

Du bist auf den Gedanken gekommen, man könne nach dem Vorbild mehrerer andrer Städte in Nicomedia eine Handwerkergilde bilden. Aber vergessen wir doch nicht, daß Deine Provinz und vornehmlich ihre Gemeinden unter derartigen Organisationen zu leiden gehabt haben. Einerlei, aus welchem Grunde wir sie zulassen und welchen Namen wir den Leuten geben, die für einen bestimmten Zweck organisiert werden, es werden immer, und zwar in ganz kurzer Zeit, Hetärien daraus werden. Deshalb ist

III.5 Freiwillige Feuerwehren

es besser, alles bereitzuhalten, was zur Bekämpfung von Bränden dienen kann, und die Grundeigentümer zu ermahnen, selbst das Löschen zu besorgen und, wenn die Umstände es erfordern, das herbeiströmende Volk dabei anzustellen.

(Plinius, Epist. X 34 - Übersetzung H. Kasten)

Es ist verblüffend, dass gerade angesichts des Brandes in der Stadt Nicomedia der Einrichtung einer Feuerwehr dennoch weniger Priorität eingeräumt wurde als der Furcht vor möglichen Unruhen, die von einer solchen Organisation für die öffentliche Ordnung hätten ausgehen können.

Daneben gab es in den Provinzen andere Formen der organisierten Brandbekämpfung. Herrschte über längere Zeit Trockenheit oder häuften sich Brandstiftungen, wurden auch zeitlich begrenzte Löschtruppen aufgestellt, jedoch meist nach kurzer Zeit wieder aufgelöst.

Die private Feuerbekämpfung blieb aber im wesentlichen dem Grundbesitzer selbst überlassen, der entweder in Eigeninitiative Vorsorge treffen oder aber im Falle eines Brandes auf Nachbarschaftshilfe hoffen musste.

IV. Anmerkungen zu Architektur und Inventar römischer Bauten

Wenn wir die Arbeit der Vigiles schildern wollen, müssen wir auch wissen, mit welchen Objekten sie es bei ihren Einsätzen zu tun hatten. Zahllose Gebäudetypen unterschiedlichster Funktion und Gestalt waren in Rom zu finden. Werfen wir zunächst eine Blick auf den Bereich der Wohnungsunterkünfte für Privatpersonen. Im wesentlichen finden sich drei Gruppen von Wohnarchitekturen, das Einzelhaus (*domus*), der Landsitz (*villa*) meist außerhalb der Stadt und mehrgeschossige Wohnblocks mit zahlreichen Mietwohnungen (*insula*).

IV.1 Wohnhaus

Das römische Wohnhaus baute auf bestimmten Grundelementen auf und war somit einem relativ strengen Schema unterworfen. Der Grundriss zeigt meist eine deutliche axiale und symmetrische Ausrichtung. Um einen zentralen Raum, das Atrium, gruppierten sich die übrigen Wohnräume mit dem zentralen Tablinum, ergänzt wurde das Haus durch einen Garten, den *hortus*. Im Laufe der Zeit wandelte sich dieser Garten zunehmend in eine Säulenhalle, das Peristyl. Damit ging eine Änderung des Tablinums zum Durchgangsraum und eine Verlagerung des Privatbereichs in Richtung des der Säulenhalle angegliederten und meist sehr repräsentativ ausgebauten *Oecus* einher. Im Dach über dem Atrium war eine rechteckige Öffnung, das *Compluvium*, integriert, durch die das Regenwasser einfallen konnte und im *Impluvium*, einem flachen Becken, gesammelt und in eine Zisterne abgeleitet wurde. Die Mauern waren aus Bruchstein und Ziegelmauerwerk konstruiert, sie waren mit einer Putzschicht verkleidet und

IV.1 Wohnhaus

Abb. 8: Pompejanisches Wohnhaus, Rekonstruktion

bemalt. Der Dachstuhl bestand aus Holz, die Abdeckung erfolgte mit gebrannten Ziegeln. Das Haus hatte einen Hauptzugang mit anschließendem Korridor, *Vestibulum* und *Fauces*, und war an allen vier Seiten von Mauern umschlossen. Die Fenster an der Außenseite des Hauses bestanden lediglich aus schmalen Schlitzen, Zutritt war nur über den Hauptzugang möglich, es gab folglich keine alternativen Fluchtwege. Viele Häuser hatten im Erdgeschoss einfache Ladenräume (*tabernae*), die sich mit breiten Zugängen zur angrenzenden Straße öffneten, jedoch häufig keine Zugangsmöglichkeit zum Hausinnern aufwiesen, sondern von diesem architektonisch strikt getrennt waren. Zwischendecken bestanden aus dichten Folgen von Holzbalken mit Mattengeflecht und Estrich. Treppen und Türen waren aus Holz. Ein zweites Geschoss war nicht unüblich, hier wurde auf leichte Bauweise geachtet, dabei konstruierte man die Zwischenwände zuweilen in einer Art Fachwerk mit Holzbalken und Bruchsteinmasse.

IV. Anmerkungen zu Architektur und Inventar römischer Bauten

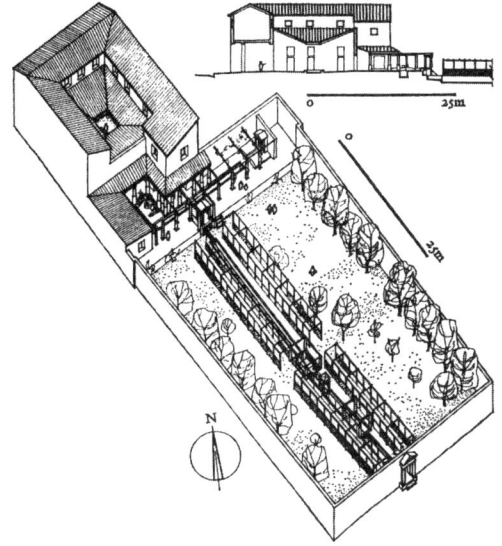

Abb. 9: Pompeji, Haus des L. Tiburtinus

IV.2 Villa

Villen und Paläste, teils mitten in der Stadt gelegen, meist jedoch außerhalb oder zumindest am Stadtrand, waren in der Anordnung der Räume weniger strengen Schemata unterworfen. Die Stadtpaläste der Oberschicht ruhten auf Grundstücken, die, glaubt man Ovid, im Falle des Stadtpalastes des Vedius Pollio in der ansonsten dichtbesiedelten Subura nahe des Esquilin durchaus die Ausdehnung einer Kleinstadt haben konnten:

> ... *ubi Livia nunc est*
> *porticus, immensae tecta fuere domus;*
> *urbis opus domus una fuit spatiumque tenebat*
> *quo brevius muris oppida multa tenent.*
> *haec aequata solo est, nullo sub crimine regni,*
> *sed quia luxuria visa nocere sua.*

IV.2 Villa

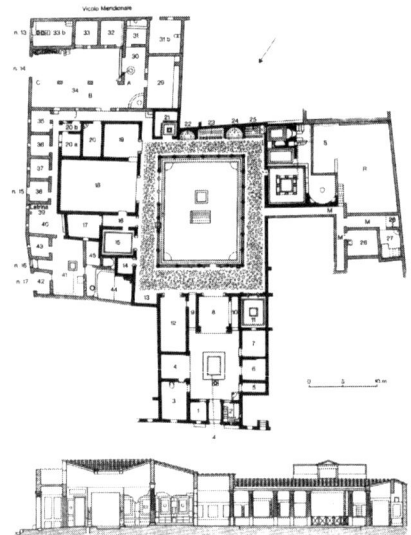

Abb. 10: Pompeji, Haus des Menander

sustinuit tantas operum subvertere moles
totque suas heres perdere Caesar opes:
...

...wo jetzt
Livias Portikus steht, stand einst ein riesiges Haus.
Wie eine Stadt - so groß war ein einziges Haus, und die Mauer
Mancher Landstadt umschließt einen noch kleineren Raum.
Weil diese Pracht, wie es schien, ein böses Beispiel gab, fiel das
Haus, aber nicht, weil sein Herr strebte, ein König zu sein.
So einen mächtigen Bau zu vernichten, nahm Caesar, der Erbe,
Auf sich, und so einen Schatz, den er besaß, zu zerstörn.

(Ovid, Fasti VI 639ff. - Übersetzung N. Holzberg)

Tatsächlich muss man sich diese Anlagen wie durch Mauern abgegrenzte Festungen vorstellen, die allseitig von dem Gewirr der fast

IV. Anmerkungen zu Architektur und Inventar römischer Bauten

schon chaotisch anmutenden Stadtlandschaft umschlossen waren. Die Raumaufteilung solcher Paläste übersteigt mit ihren Dimensionen moderne Vorstellungskraft. Eine Stelle bei Plinius d. Ä. gibt eine Vorstellung von der Größe und Ausstattung des Palastes des Scaurus:

> *M. Lepido Q. Caldo cos., ut constat inter diligentissimes autores, domus pulchrior non fuit Romae quam Lepidi ipsius, at, Hercules, intra annos XXXV eodem locum non optinuit. Computet in hac aestimatione qui volet marmorum molem, opera pictorum, impendia regalia et cum pulcherrima laudatissimaque certantes centum domus posteaque ab innumerabilibus aliis in hunc diem victas. Profecto incendia puniunt luxum, nec tamen effici potest, ut mores aliquid ipso homine mortalius esse intellegant.*
>
> *Wie bei den gründlichsten Schriftstellern feststeht, gab es unter dem Konsulat des M. Lepidus und Q. Catulus zu Rom kein schöneres Haus als das des Lepidus selbst, doch nahm es, bei Herkules, 35 Jahre später nicht <einmal mehr> die hundertste Stelle ein. Bei dieser Schätzung mag, wer will, in Rechnung stellen die Masse an Marmor, die Werke der Maler, den königlichen Aufwand und die mit dem schönsten und berühmtesten Hause wetteifernden hundert Häuser, die später von unzähligen anderen bis auf diesen Tag übertroffen wurden. In der Tat bestrafen die Feuersbrünste den Luxus, und dennoch kann dies nicht bewirken, daß unsere Wertvorstellung sich an der Erkenntnis orientiere, es gebe etwas noch Vergänglicheres als den Menschen selbst.*
>
> (Plinius, Nat. hist. 36, 6 - Übersetzung R. König)

Vitruv schließlich schildert, wie die Räume in großen Häusern zu verteilen sind, um den Privatbereich, in dem das Familienleben stattfindet, vom öffentlichen Bereich, in dem Klienten ihrem Patron allmorgendlich die Aufwartung zu machen, zu trennen:

> *Cum ad regiones caeli ita ea fuerint disposita, tunc etiam animadvertendum est, quibus rationibus privatis aedificiis propria loca patribus familiarum et quemadmodum communia cum extraneis aedificari debeant. Nam ex his, quae propria sunt, in ea non est potestas omnibus introeundi nisi invitatis,*

IV.2 Villa

quemadmodum sunt cubicula, triclinia, balneae ceteraque, quae easdem habent usus rationes. Communia autem sunt, quibus etiam invocati suo iure de populo possunt venire, id est vestibula, cava aedium, peristylia, quaeque eundem habere possunt usum. Igitur is, qui communi sunt fortuna, non necessaria magnifica vestibula nex tabulin neque atria, quod aliis officia praestant ambiundo neque ab aliis ambiuntur.

Wenn die Räume in Hinsicht auf die Himmelsrichtungen so verteilt sind, dann muß man seine Aufmerksamkeit auch darauf richten, in welcher Weise in Privatgebäuden die Zimmer gebaut werden müssen, die allein den Hausherren gehören, und wie die, die auch Leuten, die nicht zur Familie gehören, zugänglich sind. Denn in die Privaträume haben nicht alle Zutritt, sondern nur geladene Gäste, z. B. in die Schlafräume, Speisezimmer, Baderäume und die übrigen Räume, die gleichen Gebrauchszwecken dienen. Allgemein zugängliche Räume aber sind die, in die auch uneingeladen Leute aus dem Volk mit Fug und Recht kommen können, d. h. Vorhallen, Höfe, Peristyle und solche Räume, die in derselben Weise genutzt werden können. Daher sind für Leute, die nur durchschnittliches Vermögen besitzen, prächtige Vorhallen, Empfangssäle, Atrien nicht notwendig, weil diese Leute anderen durch ihren Besuch ihre Aufwartung machen, aber nicht von anderen besucht werden.

(Vitruv, de architectura VI, 5, 1 - Übersetzung C. Fensterbusch)

Die Anlagen außerhalb der Städte haben sich baugeschichtlich aus landwirtschaftlichen Produktionsstätten entwickelt. Die Räume wurden individuell angeordnet, die Architektur war mehr nach außen gerichtet. Säulenhallen lockerten die Mauergefüge optisch auf. Es finden sich auch hier die für römische Wohnhäuser typischen Elemente, aber die oft streng axiale und symmetrische Anordnung der städtischen Domus wurde zugunsten lockerer Arrangements zurückgestellt. Die umgebende Topographie wurde bei der Anlage berücksichtigt, man legte Wert auf schöne Ausblicke und die klimatisch günstigste

IV. Anmerkungen zu Architektur und Inventar römischer Bauten

Anordnung bestimmter Räume[54], ordnete bei Hanglagen die Wohnfläche in mehreren Ebenen an. Von der Villa des Cicero ist bekannt, dass einige der Räume aufgrund ihrer Anordnung im Sommer Kühle durch Schatten und im Winter Wärme durch die Sonne erhielten. Die prachtvolle Ausstattung dieses Domizils lässt sich aus Nebensätzen erahnen:

...ut enim in inferiorem ambulationem descendimus...

...als wir nämlich in die untere Wandelhalle hinabgestiegen waren...

(Cicero, Tusculanae disputationes IV 7 - Übersetzung O. Gigon)

...sed tamen erant aptum bybliothecae studiisque nostris concruens...

...immerhin würde sie für meine Bibliothek passen und meiner Tätigkeit entsprechen...

(Cicero, Epist. VII 23, 2 - Übersetzung H. Kasten)

In Tusculanum nos venturos putamus aut Nonis aut postridie. ibi ut sint omnia parata; plures enim fortasse nobiscum erunt et, ut arbitror, diutius ibi commemorabimur. labrum si in balneo non est, ut sit, item cetera, quae sunt ad victum et ad valetudinem necessaria.

Wahrscheinlich treffe ich am 7. oder tags darauf in Tusculum ein. Dass dort dann alles bereit ist! Vielleicht kommen nämlich ein paar Leute mit, und wahrscheinlich bleibe ich länger dort. Wenn im Bad keine Wanne ist, lass eine beschaffen, ebenso alles andere, was zum Leben und Wohlbefinden erforderlich ist.

(Cicero, Epist. XIV 29, 1 - Übersetzung H. Kasten)

---

[54] Vitruv, de architectura VI 4, 1-2.

IV.2 Villa

Sehr detailliert sind wir über Lage und Ausstattung der Landhäuser des Plinius d. J. unterrichtet[55]. Die folgende Textpassage entstammt einem Brief, den er an seinen Freund Gallus geschickt hatte: .

Miraris, cur me Laurentinum vel, si ita mavis, Laurens meum tanto opere delectet; desines mirari, cum cognoveris gratiam villae, opportunitatem loci, litoris spatium. (...) Villa usibus capax, non sumptuosa tutela, cuius in prima parte atrium frugi nec tamen sordidum, deinde porticus in D litterae similitudinem circumactae, quibus parvola sed festiva area includitur. egregium hae adversus tempestates receptaculum; nam specularibus ac multo magis imminentibus tectis muniuntur. est contra medias cavaedium hilare, mox triclinium satis pulchrum, quod in litus excurrit ac, si quando Africo mare impulsum est, fractis iam et novissimis fluctibus leviter adluitur. undique valvas aut fenestras non minores valvis habet atque ita a lateribus, a fronte quasi tria maria prospectat; a tergo cavaedium, porticum, aream, porticum rursus, mox atrium, silvas et longinquos respicit montes. Huius a laeva retractius paulo cubiculum est amplum, deinde aliud minus, quod altera fenestra admittit orientem, occidentem altera retinet, hac et subiacens mare longius quidem, sed securius intuetur. huius cubiculi et triclinii illius obiectu includitur angulus, qui purissimum solem cortinet et accendit. hoc hibernaculum, hoc etiam gymnasium meorum est, ibi omnes silent venti exceptis, qui nubilum inducunt et serenum ante quam usum loci eripiunt. adnectitur angulo cubiculum in hapsida curvatum, quod ambitum solis fenestris omnibus sequitur. parieti eius in bybliothecae speciem armarium insertum est, quod non legendos libros, sed lectitandos capit. adhaeret dormitorium membrum transitu interiacente, qui suspensus et tubulatus conceptum vaporem salubri temperamento huc illuc digerit et ministrat. reliqua pars lateris huius servorum libertorumque usibus detinetur plerisque tam mundis, ut accipere hospites possint. Ex alio latere cubiculum est politissimum; deinde vel cubiculum grande vel modica cenatio, quae plurimo sole, plurimo mari lucet; post hanc cubiculum cum procoetone, altitudine aestivum, munimentis hibernum, est enim subductum omnibus ventis. huic cubiculo aliud et procoeton communi pariete iunguntur. Inde balinei cella

---

[55] Plinius, Epist. II 17; V 6.

IV. Anmerkungen zu Architektur und Inventar römischer Bauten

frigidaria spatiosa et effusa, cuius in contrariis parietibus duo baptisteria velut eiecta sinuantur, abunde capacia, si mare in proximo cogites, adiacet unctorium, hypocauston, adiacet propnigeon balinei, mox duae cellae magis elegantes quam sumptuosae; cohaeret calida piscina mirifica, ex qua natantes mare adspiciunt; nec procul sphaeristerium, quod calidissimo soli inclinato iam die occurrit. hic turris erigitur, sub qua diaetae duae, totidem in ipsa, praeterea cenatio, quae latissimum mare, longissimum litus, villas amoenissimas possidet. Est et alia turris, in hac cubiculum, in quo sol nascitur conditurque; lata post apotheca et horreum, sub hoc triclinium, quod turbati maris non nisi fragorem et sonum patitur eumque iam languidum ac desinentem ; hortum et gestationem videt, qua hortus includitur. (...) adiacet gestationi interiore circumitu vinca tenera et umbrosa nudisque edam pedibus mollis et cedens (...) cingitur diaetis duabus a tergo, quarum fenestris subiacet vestibulum villae et hortus alius pinguis et rusticus. Hinc cryptoporticus prope publici operis extenditur. utrimque fenestrae, a mari plures, ab horto singulae et alternis pauciores (...)

Ante cryptoporticum xystus violis odoratus (...) In capite xysti, deinceps cryptoporticus, horti, diaeta est, amores mei, re vera amores. ipse posui. in hac heliocaminus quidem alia xystum, alia mare, utraque solem, cubiculum autem val vis cryptoporticum, fenestra prospicit mare, contra parietem medium zotheca perquam eleganter recedit, quae specularibus et velis obductis reductisve modo adicitur cubiculo, modo aufertur (...) iunctum est cubiculum noctis et somni. non illud voces servolorum, non maris murmur, non tempestatum motus, non fulgurum lumen ac ne diem quidem sentit nisi fenestris apertis. (...) adplicitum est cubiculo hypocauston perexiguum, quod angusta fenestra suppositum calorem, ut ratio exigit, aut effundit aut retinet. procoeton inde et cubiculum porrigitur in solem, quem orientem statim exceptum ultra meridiem oblicum quidem, sed tamen servat. (...) sed puteos ac potius fontes habet; sunt enim in summo. (...) Litus ornant varietate gratissima nunc continua, nunc intermissa tecta villarum, quae praestant multarum urbium faciem, sive mari sive ipso litore utare. (...) mare non sane pretiosis piscibus abundat, soleas tamen et squillas optimas egerit. villa vero nostra etiam mediterraneas copias praestat, lac in primis...

IV.2 Villa

Abb. 11: Pompeji, Villenlandschaft auf einer Wandmalerei

Du wunderst Dich, warum mein Laurentinum oder, wenn es Dir so lieber ist, mein Laurens mir so viel Freude macht. Du wirst Dich nicht weiter wundern, wenn Du von der Anmut dieses Landsitzes hörst, von der günstigen Lage, von dem ausgedehnten Strande. (...) Das Landhaus ist für seinen Zweck ziemlich geräumig und in der Unterhaltung nicht kostspielig. Zunächst betritt man eine einfache, doch nicht ärmliche Halle, dann kommen in Form eines D gebogene Arkaden, die einen kleinen, hübschen Hofraum einfassen. Sie bilden einen vortrefflichen Zufluchtsort bei schlechtem Wetter, denn sie sind durch Glasfenster und mehr noch durch das vorspringende Dach geschützt. Mitten gegenüber befindet sich ein freundliches Empfangszimmer, anschließend ein recht hübscher Speiseraum, der bis an den Strand vorspringt, und wenn der Südwest das Meer aufwühlt, wird er von den Ausläufern der bereits gebrochenen Wogen bespült. Ringsum hat er Flügeltüren oder ebenso hohe Fenster und gewährt somit nach links und rechts und vorn Ausblick sozusagen auf drei Meere; nach hinten blickt er auf das Empfangszimmer, Arkaden, Hofraum, wieder Arkaden, dann auf die

IV. Anmerkungen zu Architektur und Inventar römischer Bauten

Vorhalle, auf Wälder und die Berge in der Ferne. Links von diesem Speiseraum, ein wenig zurücktretend, ist ein geräumiges Wohnzimmer, daran anschließend ein zweites kleineres, das durch das eine Fenster die Morgensonne hereinläßt, mit dem andern das Abendrot festhält. Auf dieser Seite schaut man auch auf das Meer zu seinen Füßen, zwar aus größerer Entfernung, dafür aber ungestörter. Dies Wohnzimmer bildet mit dem vorspringenden Speiseraum einen Winkel, der die direkten Sonnenstrahlen wie in einem Brennspiegel auffängt. Dies ist der Winteraufenthalt, dies auch der Turnplatz für meine Leute; hier schweigen alle Winde außer denen, die Regenwolken heraufführen und den heiteren Himmel beziehen, ehe sie dem Aufenthalt dort ein Ende machen. An diesen Winkel grenzt ein Zimmer in Form einer Apsis, das mit allen seinen Fenstern dem Lauf der Sonne folgt. In seine Wand ist ein Schrank, eine Art Bücherregal eingelassen, das Bücher enthält, die nicht oberflächlicher Lektüre, sondern ernstem Studium dienen sollen. Diesem Zimmer ist eine Schlafkammer angegliedert, durch einen Korridor von ihm getrennt, der, unterkellert und mit Heizraum versehen, die zuströmende Heißluft wohl temperiert hierhin und dorthin verteilt und weiterleitet. Die übrigen Räume dieses Traktes sind der Benutzung durch die Sklaven und Freigelassenen vorbehalten, meist so sauber gehalten, daß man dort Gäste empfangen könnte. Auf der anderen Seite ist ein sehr geschmackvoll eingerichtetes Zimmer, sodann ein großes Schlaf- oder kleines Speisezimmer, wie man will, das im hellen Glanz der Sonne und des Meeres strahlt; dahinter ein Gemach mit einem Vorzimmer, dank seiner Höhe für den Sommer, dank seiner geschützten Lage für den Winter geeignet; es ist nämlich allen Winden entzogen. Mit diesem Gemach ist ein weiteres, ebenfalls mit einem Vorzimmer, durch eine gemeinsame Wand verbunden. Es folgt das weite, geräumige Kaltwasserbad, aus dessen einander gegenüberliegenden Wänden zwei Becken im Bogen herausspringen, völlig ausreichend, wenn man bedenkt, daß das Meer in der Nähe ist. Anschließend das Salbzimmer, die Zentralheizung, der Heizraum für das Bad, dann zwei Kabinen, eher geschmackvoll als luxuriös eingerichtet; damit verbunden ein herrliches Warmbad, aus dem man beim Baden aufs Meer blickt; nicht weit davon ein Ballspielplatz, der im Hochsommer erst Sonne erhält, wenn der Tag schon zur Neige geht. Hier erhebt sich ein Turmbau,

IV.2 Villa

mit zwei Zimmern im Erdgeschoß und ebenso vielen im Obergeschoß; außerdem birgt er ein Speisezimmer mit Ausblick auf das weite Meer, den langgestreckten Strand und reizende Landhäuser. Da ist auch noch ein zweiter Turmbau. Darin befindet sich ein Wohnzimmer, in welchem die Sonne auf- und untergeht, dahinter eine geräumige Weinkammer und ein Speicher, darunter ein Speisezimmer, das, auch wenn das Meer außer Rand und Band ist, nur sein Tosen und Brausen hören läßt, und auch dies nur gedämpft und sich verlierend. Es blickt auf einen Garten und eine diesen Garten begrenzende Promenade. (...) Längs der Innenseite der Promenade läuft ein junger, schattiger Weinlaubengang, auch für bloße Füße weich und nachgebend. (...) Nach hinten schließen sich zwei Gemächer an, unter deren Fenstern die Vorhalle des Landhauses und ein weiterer üppiger Küchengarten liegt. Von diesem Gebäudekomplex ausgehend, erstreckt sich eine gedeckte Wandelhalle, die beinahe die Ausmaße eines städtischen Bauwerks hat. Fenster auf beiden Seiten, nach dem Meere hin mehr, auf der Gartenseite weniger, immer eins gegenüber zweien. (...) Am oberen Ende der Terrasse und weiterhin der Wandelhalle und des Gartens steht ein Gartenpavillon, meine stille Liebe, ja, wirklich Liebe! Ich selbst habe ihn gebaut. In ihm befindet sich ein Sonnenbad mit Ausblick hier auf die Terrasse, dort aufs Meer und beiderseits auf die Sonne, sodann ein Wohnraum, aus dem man durch die Flügeltüren in die Wandelhalle, durchs Fenster aufs Meer blickt. In der Mitte der gegenüberliegenden Wand springt sehr hübsch eine Veranda vor, die sich durch Vor- und Zurückschieben von Glaswänden und Vorhängen mit dem Wohnraum verbinden oder sich von ihm trennen läßt. (...) Anstoßend ein Raum für die Nacht und den Schlaf. Hier merkt man nichts von den Stimmen der Dienerschaft, nichts vom Rauschen des Meeres, nichts vom Toben der Stürme, sieht nicht das Leuchten der Blitze, nicht einmal das Tageslicht, außer wenn man die Fenster öffnet. (...) Angefügt an den Schlafraum ist ein winziger Heizraum, der vermittels einer schmalen Klappe die aufsteigende Wärme je nach Bedarf ausstrahlt oder zurückhält. Dahinter ein Zimmer mit einem Vorraum, das nach der Sonne zu liegt und diese gleich bei ihrem Aufgang einfängt und über den Mittag hinaus zwar schräg einfallend, aber eben doch behält. (...) Brunnen oder vielmehr Quellen gibt es, denn das Grundwasser steht sehr hoch. (...) Die

IV. Anmerkungen zu Architektur und Inventar römischer Bauten

Küste schmücken in lieblicher Abwechslung die Baulichkeiten von Landhäusern, hier zusammenhängend, dort einzeln stehend, die wie viele Städte aussehen, magst Du Dich auf dem Meere oder unmittelbar am Ufer befinden. (...) Das Meer ist nicht eben reich an kostbaren Fischen, wirft aber immerhin Schollen und vorzügliche Krabben aus. Mein Gut liefert jedoch auch binnenländische Erzeugnisse, besonders Milch (...).

(Plinius, Epist. II 17 - Übersetzung H. Kasten)

Selbstverständlich hatten gerade die römischen Herrscher Villen außerhalb Roms. Von Augustus und Tiberius wissen wir, dass beide eine ausgedehnte Villenanlage auf Capri bewohnten, deren beeindruckende Reste auf dem Gipfel der Nordspitze der Insel, die in überaus steilen und felsigen Hängen zum Meer abfällt, gefunden wurden. Am besten haben sich riesige Gewölbe gewaltiger Zisternen erhalten, die eine Vorstellung vom immensen Wasserbedarf der ganzen Anlage vermitteln.

Die berühmteste Anlage dieser Art ist die Villa des Hadrian bei Tivoli. Deren Bauten sind nur locker miteinander verbunden, es finden sich Säulenhallen, Gartenanlagen, eine langgestreckte Wandelhalle, Thermen und die Nachbildung eines Niltales, genannt Canopus.

IV.3 Mietshaus und Wohnblock

Als reine Zweckbauten konzipiert zeigen sich Mietskasernen, die bereits erwähnten Insulae, die fast nur in Großstädten wie Rom und deren Einzugsgebieten anzutreffen waren, auch wenn durchaus vergleichbare Bauten in kleineren Städten ebenfalls zu finden waren - als Beispiel seien hier die Hanghäuser von Pompeji genannt, die eine Sonderstellung innerhalb der Wohnarchitektur der kampanischen Stadt innehaben. Die städtischen Mietshäuser haben sich baugeschichtlich aus Atriumhäusern entwickelt. Man faßte diese zusammen,

IV.3 Mietshaus und Wohnblock

Abb. 12: Rom, Insula beim Kapitol

baute sie um und stockte sie auf. Erst in einem weiteren Entwicklungsschritt entstand dann der individuelle Gebäudetypus der Insula im eigentlichen Sinne.

Die Insulae standen in Rom dicht an dicht, oft nur durch ein schmale Gasse (angiportus) getrennt und ragten teils mehr als 20 m in die Höhe, hatten bis zu 6 Stockwerke. Es handelte sich meist um regelrechte Elendsquartiere[56]. Die Gebäudemauern bestanden aus Bruchstein und Ziegelmauerwerk oder aus einer Art Fachwerk mit Steinmauern und Holzverstrebungen. Gerade letztere Bauweise war schuld an rapide sich ausbreitenden Feuern.

Die sehr engen Treppen zur Erschließung der Obergeschosse waren teils gemauert, teils aus Holz. Im Erdgeschoss waren meist Verkaufsräume oder Gaststuben untergebracht, die Wohnungen befanden sich in den Stockwerken darüber. An der Fassade waren häufig Balkone

---

[56] H. von Hesberg, Die Veränderung des Erscheinungsbildes der Stadt Rom unter Augustus, in: Kaiser Augustus und die verlorene Politik, 1988, 96.

IV. Anmerkungen zu Architektur und Inventar römischer Bauten

Abb. 13: Rom, Insula beim Kapitol, Rekonstruktion.

angebracht. Aufgrund der Knappheit an Wohnraum einerseits und der ständig wachsenden Bevölkerung andererseits trachtete jeder Bauherr danach, möglichst viele Leute auf engstem Raum unterzubringen, was zu teilweise chaotischen Wohnverhältnissen führte. Geradezu berüchtigt für ihren miserablen Bauzustand waren die Mietshäuser des Crassus. Fluchtwegen, Nottreppen und sonstigen Sicherheitseinrichtungen schenkte man in dieser Zeit keinerlei Beachtung. Im wesentlichen lassen sich zwei Typen von Insulae unterscheiden. Bei rein privaten wohnte eine wohlhabende Familie - meist die des Hausbesitzers- im Erdgeschoß, dieses glich mit seinen großzügig dimensionierten Räumen durchaus einer *domus*. Ebenso großzügig in der Raumaufteilung war der erste Stock. Darüber dann erhoben sich mehrere Stockwerke mit kleinen, sehr einfachen Zimmern gleichen Grundrisses, in die nur wenig Licht drang. Hier wohnten die Mieter, *inquilini* oder *insularii* mehr beschimpft als bezeichnet. Die Verwaltung und Eintreibung der Miete oblag meist einem Sklaven, dem *insularius*.

IV.3 Mietshaus und Wohnblock

Ganz wie heute achteten die Hausverwalter peinlichst auf anständiges Benehmen und pünktliche Zahlung:

dum haec fabula inter amantes luditur, deversitor cum parte cenulae intervenit, contemplatusque foedissimam iacentium volutationem „rogo" inquit „ebrii estis an fugitivi an utrumque? quis autem grabatum illum erexit, aut quid sibi vult tam furtiva molitio? vos mehercules ne mercedem cellae daretis fugere nocte in publicum voluistis. sed non impune. iam enim faxo sciatis non viduae hanc insulam esse sed M. Mannicii.

Während der Aufführung dieses Liebesdramas erschien der Wirt mit einem Teil des Abendbrots, besah sich die überaus gräßliche Wälzerei am Boden und sagte: „Bitt schön, seid ihr betrunken oder ausgerissen oder beides? Wer hat denn die Pritsche da hochgestellt, und was soll überhaupt dieses heimliche Treiben bedeuten? Weiß der Himmel, um die Zimmermiete zu sparen, habt ihr bei Nacht ins Freie ausreißen wollen. Aber ihr sollt es büßen! Ja, ich will euch gleich beibringen, daß das Mietshaus hier keiner Witwe gehört, sondern dem Marcus Manicius!"

(Petronius, Satyricon 95, 1-3 - Übersetzung K. Müller und W. Ehlers)

Der zweite Typus wird durch Wohnblocks repräsentiert, in deren Erdgeschoss Gewerberäume untergebracht waren. Im Zeitraum 1928 bis 1929 wurde in der Nähe des Kapitols eine Insula aus der 1. Hälfte des 2. Jh. n. Chr. ausgegraben. Es handelte sich um einen sechsgeschossigen Wohnblock mit Innenhof. Im Erdgeschoss war eine Reihe von Tabernen untergebracht, davor erstreckte sich eine Portikus. Über dem Erdgeschoss befand sich ein Zwischenstockwerk, an dessen Oberkante die Ansätze für einen Balkon erhalten sind. Darüber erhoben sich mindestens drei weitere Stockwerke mit zahlreichen rechteckigen Fenstern die durch Pfeiler mit Bogenabschluß ihrerseits zweifach oder dreifach gegliedert waren.

Aus Ostia, dessen Straßennetz wesentlich großzügiger angelegt war und wo strenge Bauvorschriften derartige architektonische Aus-

IV. Anmerkungen zu Architektur und Inventar römischer Bauten

wüchse wie in Rom von vornherein verhinderten und eine einheitliche Planung ermöglichten, sind durch Ausgrabungen mehrere Typen von Insulae erschlossen worden. Diese zeigen unterschiedliche Lösungen zur Erschließung der Räume: mittels eines langgestreckten Mittelflures in Längsrichtung und Zimmern zu beiden Seiten; mittels einer durchgehenden Mittelwand in Längsrichtung und zu beiden angeschlossenen Zimmern, die über separate Treppenhäuser und Flure erreichbar und teilweise symmetrisch aufgeteilt waren, es entstand eine Art Zweifassadenhaus. Die eleganteste Lösung freilich bildete die Insula mit großem Innenhof, um den Arkadengänge und Treppenhäuser angeordnet sind, die zu den einzelnen Zimmern führen.

Um die Wohnsituation stadtrömischer Insulae einschätzen zu können, muss man diese Unterkünfte als Teil eines ganzen Systems verstehen, dessen Einrichtungen eine Organisation des täglichen Lebens in der Kaiserzeit überhaupt erst ermöglichten. Daher sind mit diesen Wohnblocks Ladenstraßen, Garküchen, Brunnenanlagen und Thermen untrennbar verbunden. Martial schimpft über miserable Zustände der Mietwohnung, insbesondere undichte Türen und Fenster, während die Pflanzungen des knausrigen Besitzers mittels einer Art Glasdach vor dem Winterwetter geschützt werden:

Pallida ne Cilicum timeant pomaria brumam
mordeat et tenerum fortior aura nemus,
hibernis obiecta notis specularia puros
admittunt soles et sine faece diem.
at mihi cella datur non tota clusa fenestra,
in qua nec Boreas ipse manere velit.
sic habitare iubes veterem crudelis amicum?
arboris ergo tuae tutior hospes ero.

Daß nicht werde vom Frost bedroht dein kilikisches Obstfeld
Und an dem zarten Gehölz nage die rauhere Luft,
Läßt durchsichtig Gestein, das den Winterstürmen begegnet,
Ungetrübet und rein Licht ihm und Sonne hinzu.

Abb. 14: Pompeji, Macellum: Abdruck einer Treppe.

Mir dagegen verschließt ein zerbrochenes Fenster die Kammer,
Daß selbst Boreas nicht möchte verweilen darin.
So, Grausamer, erlaubst du dem alten Freunde zu wohnen?
Also bei deinem Baum find' ich ein gastlicher Dach?

(Martial, Epigramme VIII 14 - Übersetzung P. Barié u. W. Schindler)

IV.4 Weitere Unterkünfte

Gerade in den Großstädten gab es natürlich auch eine unüberschaubare Anzahl notdürftig konstruierter bzw. improvisierter Holzbaracken, in denen die ärmsten der Bevölkerung ihr Leben fristen mussten. Häufig anzutreffen war auch die Kombination zwischen Verkaufsraum und einer kleinen Kammer direkt darüber, die über eine Treppe mit Luke zugänglich war und deren Boden durch eine

IV. Anmerkungen zu Architektur und Inventar römischer Bauten

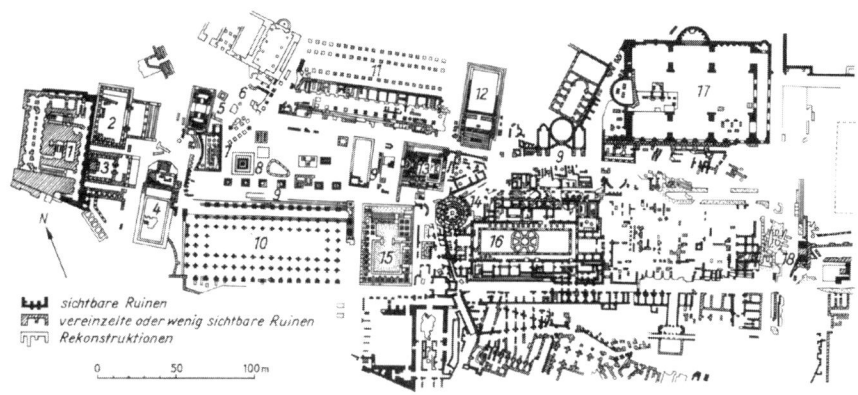

Abb. 15: Rom, Forum Romanum.

Balkendecke getragen wurde. Hier hauste der Bewohner im Halbdunkel und lagerte noch dazu seine Waren.

IV.5 Öffentliche Gebäude und Anlagen

Nicht vergessen werden dürfen öffentliche Gebäude wie Tempel und Hallen, die generell besonders prunkvoll ausgestattet waren. Bei diesen bestanden die Außenmauern entweder aus vermauerten Bruchsteinen und Ziegeln oder - zumindest in Teilen - aus massiven Steinblöcken. Säulen, Kapitelle und Gebälke wurden häufig aus Marmor hergestellt, der Dachstuhl bestand oftmals aus Holz, die Dachbedeckung aus gebrannten Ziegeln oder Steinplatten.
Um sich einen Eindruck von der Bandbreite der Gebäude und des Wandels in augusteischer Zeit wenigstens ansatzweise verschaffen zu können, lohnt ein Blick auf das Forum Romanum und seine Bebau-

ung und im Vergleich dazu eine Betrachtung der neuen Anlage des Augustusforums mit dem Mars-Ultor-Tempel.

Forum Romanum

Die schon bei der Auflistung von Gebäudebränden erwähnte Basilica Iulia[57] war eine rechteckige Halle mit zentralem Hauptschiff und zweifach umlaufenden Seitenschiffen. Zum Hauptschiff öffneten sich diese über eine zweigeschossige Pfeilerhalle, die Frontseiten wurden durch Arkaden gebildet. An der Rückseite des Gebäudes waren Geldwechslerbuden angegliedert. In der Basilika, die hauptsächlich als Gerichtsgebäude diente, tagten die centumviri, vorwiegend zuständig für Erbschafts- und Eigentumsprozesse. Der Innenraum konnte mittels beweglicher Stellwände variabel unterteilt werden. Wie wenig schalldicht diese Konstruktion war, erhellt aus einer antiken Quelle, die zu berichten weiß, dass einer der Advokaten, die hier ihr Plädoyer hielten, dies mit einer Lautstärke tat, die ihm sogar den Beifall der benachbarten und von ihm abgetrennten Zuhörer einbrachte. Die Basilika war der größte und prächtigste Versammlungsraum des römischen Volkes. Wie häufig sie als Treffpunkt auch von Müßiggängern frequentiert wurde, zeigt sich nicht zuletzt aufgrund zahlreicher Spielfelder, die in die Treppenstufen eingeritzt wurden. Caligula verschaffte diesem Gebäude auf seine Weise Berühmtheit: aus einer Laune heraus warf er vom Dach Goldmünzen in die Menschenmenge, was verständlicherweise zu einem Tumult mit zahlreichen Opfern führte:

Quin et nummos non mediocris summae e fastigio basilicae Iuliae per aliquot dies sparsit in plebem

---

[57] s. o. S. 43.

IV. Anmerkungen zu Architektur und Inventar römischer Bauten

Ja, er warf sogar einige Tage lang vom Dach der Iulischen Basilika nicht gerade wenige Münzen unter das Volk.

(Sueton, Caligula 37, 1 - Übersetzung H. Martinet)

Forum des Augustus und Mars-Ultor-Tempel

Sicherlich stellt die Anlage des Augustusforums mit dem imposanten Mars-Ultor-Tempel, dem Tempel des rächenden Mars, die wichtigste architektonische Leistung des ersten Princeps dar[58]. Im Zuge der Verfolgung der Mörder Caesars soll Octavian im Jahre 42 v. Chr. den Bau des Tempels gelobt haben. Dies war allerdings nicht der einzige Grund für die Schaffung eines weiteren öffentlichen Platzes. Schon im 2. Jahrhundert v. Chr. hatte sich gezeigt, dass die Kapazität des Forum Romanum längst nicht mehr ausreiche, um die Flut an Prozessen und die wirtschaftliche Entwicklung adäquat auffangen zu können und auch das Caesar-Forum hatte nur vorübergehende Entlastung bewirkt.

Eingeweiht wurde die Anlage im Jahre 2 v. Chr. Das Neue am Augustusforum war die Kombination aus räumlich klarer Begrenzung - zusätzlich betont durch eine gewaltige Umfassungsmauer - und monumentaler Architektur, die den Raum symmetrisch ausfüllte. Die einzelnen Elemente der architektonischen Komposition sind einem streng axialen Prinzip unterworfen. In der Mitte stand der alles beherrschende Tempel mit 8 Frontsäulen, einer Vorhalle mit doppelten Säulenstellungen an den Seiten und einer Tiefe von 3 Jochen, schließlich einer Cella mit Säulenreihen vor den Wänden und einer Apsis an der Rückwand. Architektur und Statuenausstattung der Anlage dienten eindeutigen politischen Signalen wie der Betonung

---

[58] J. Ganzert - V. Kockel, Augustusforum und Mars-Ultor-Tempel, in: Kaiser Augustus und die verlorene Politik, 1988, 149ff.

IV.5 Öffentliche Gebäude und Anlagen

von Tradition, Beständigkeit und vor allem des Positiven der neuen Staatsordnung, die Augustus geschaffen hatte. Insbesondere das Statuenprogramm der *summi viri*, beginnend mit den mythologischen Vorfahren Aeneas, Askanius und Romulus, war als eindeutige Aussage zu verstehen[59]: Augustus sah sich innerhalb dieser Reihe und natürlich in der Pflicht, Dinge von vergleichbarer historischer Tragweite zu vollbringen. Galten doch die summi viri als diejenigen, „*qui imperium p. R. ex minimo maximum reddidissent*", „die das Reich des römischen Volkes aus kleinsten Anfängen zum größten gemacht hatten".[60] Die *gens Iulia* führte ihre Abstammung direkt bis auf Aeneas zurück.

Flankiert wurde der Tempel durch zwei langgestreckte Säulenhallen, die sich im Bereich der Tempelvorhalle zu spiegelsymmetrisch gegenüberliegenden Exedren erweiterten. Die ganze Anlage war überaus reich mit wertvollsten Materialien ausgestattet, zahllose Marmorsorten hatte man unter Ausnutzung ihrer farblichen Nuancen zur Gestaltung der Böden und Kassettendecken eingesetzt[61].

Es wurde bereits erwähnt, dass Augustus beim Bau der Anlage eine Enteignung der angrenzenden Grundstücke vermied[62]. Daraus resultiert der unregelmäßige Verlauf der Rückseite, durch die Architektur des Platzes raffiniert kaschiert und dem Betrachter daher nicht auffallend.

Die monumentale Abschlussmauer sollte einerseits die Anlage optisch gegen die benachbarte Bebauung abgrenzen, anderseits einen effektiven Brandschutz bieten[63].

---

[59] Mathias Hofter, Die Statuen der *summi viri* vom Augustusforum, in: Kaiser Augustus und die verlorene Politik, 1988, 194ff.
[60] Sueton, Augustus 31, 5 - Übersetzung H. Martinet.
[61] J. Ganzert - V. Kockel, Augustusforum und Mars-Ultor-Tempel, in: Kaiser Augustus und die verlorene Politik, 1988, 151ff.
[62] s. S. 141.
[63] s. S. 140

IV. Anmerkungen zu Architektur und Inventar römischer Bauten

Abb. 16: Rom, Augustusforum und Mars-Ultor-Tempel

Diribitorium

Wenn es gilt, über Bedachungen von öffentlichen Gebäuden zu sprechen, so bleibt als eindrucksvollstes Beispiel in augusteischer Zeit vor allem das von Agrippa begonnene Diribitorium[64] auf dem Marsfeld zu nennen. Agrippa hat die Fertigstellung nicht mehr erlebt, die Einweihung fand unter Augustus 7 v. Chr. statt. Ursprünglich gedacht als Halle zur Abwicklung von Abstimmungen der Komitien wurde das Gebäude bald zur Aufführung von Schauspielen, zur Verteilung von Geldgeschenken und Lebensmittelspenden an die Bevölkerung und zur Soldauszahlung an die Soldaten genutzt. Die Halle hatte eine Spannweite von 30 m, die durch ein freitragendes, aus mächtigen Baumstämmen bestehendes Gebälk überbrückt wurde. Noch Plinius d. Ä. sprach voller Bewunderung von dieser architektonischen Leistung:

---

[64] Plinius Nat. hist. 16, 201; Nat. hist. 36, 102; Sueton, Claudius 18, 1.

IV.5 Öffentliche Gebäude und Anlagen

Abb. 17: Rom, Augustusforum, Rekonstruktion.

fuit memoria nostra et in porticibus saeptorum a M. Agrippa relicta aeque miraculi causa, quae diribitorium superfuerat, XX pedibus brevior (= 100 Fuss Gesamtlänge, Anm. Verf.) sesquipedali crassitudine

Noch zu unserer Zeit befand sich in den Vorhallen der Saepta ein nur 20 Fuss kürzerer und eineinhalb Fuss dicker Balken, den M. Agrippa ebenfalls als Sehenswürdigkeit liegen gelassen hatte, er war beim Bau des Diribitoriums übrig geblieben.

(Plinius, Nat. Hist. 16, 201 - Übersetzung R. König)

cum Aemiliana pertinacius arderent, in diribitorio duabus noctibus mansit ac deficiente militum ac familiarum turba auxilio plebem per pagistratus ex omnibus vicis convocavit ac positis ante se cum pecunia fiscis ad subveniendum hortatus est, repraesentans pro opera dignam cuique mercedem.

IV. Anmerkungen zu Architektur und Inventar römischer Bauten

Als im Aemilianischen Viertel ein Brand immer wieder aufloderte, verbrachte er zwei Nächte im Gebäude, wo die Stimmen ausgezählt wurden („diribitorium", Anm. Verf.), und ließ, als man nicht genug Trupps von Soldaten und Dienern zur Verfügung hatte, durch die Beamten aus allen Stadtvierteln das Volk zu Hilfe rufen; dann stellte er Körbe voller Geld hin und rief auf, zu Hilfe zu kommen; jedem gab er für seine Hilfeleistung den angemessenen Lohn bar auf die Hand.

(Sueton, Claudius 18.1 - Übersetzung H. Martinet)

IV.6 Gewerblich genutzte Gebäude

Einen wesentlichen Faktor bei den vorliegenden Betrachtungen bilden sicherlich die zahlreichen gewerblich genutzten Gebäude und Räumlichkeiten. Für die Stadt des 4. Jh. n. Chr. werden u. a. 254 Mühlen, 190 Getreidespeicher, 28 Bibliotheken, 2 Zirkusse, 2 Amphitheater, 3 Theater und 11 große Thermenanlagen aufgelistet[65].

Handelsgebäude

Gegenüber der *Basilica Iulia* stand die *Basilica Aemilia*[66]. Diese diente ausschließlich dem Handel, vorwiegend als Bankgebäude und Warenbörse. Begonnen wurde sie in republikanischer Zeit im Jahre 179 v. Chr. von M. Aemilius Lepidus und M. Fulvius Nobilior. In der Folgezeit mehrfach renoviert, wurde sie in augusteischer Zeit vollendet. Für Plinius d. Ä. zählte sie zu den größten architektonischen Wunderwer-

---

[65] K. Christ, Die Römer (1979) 107.
[66] H. Bauer, Basilica Aemilia, in: Kaiser Augustus und die verlorene Politik, 1988, 68ff.

IV.6 Gewerblich genutzte Gebäude

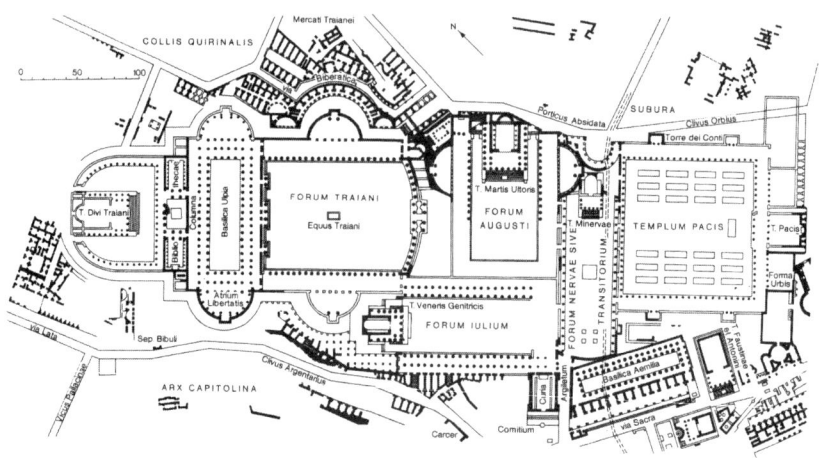

Abb. 18: Rom, Kaiserforen.

ken. Auch hier bildete ein langgestrecktes Mittelschiff mit Marmorfussboden den Hauptraum, der von Säulenstellungen aus Marmor umgeben war, die sich an den Langseiten zu Schiffen erweiterten. Zwei von diesen lagen an der Nordseite, ein Schiff an der Südseite und an dieses angegliedert eine ganze Reihe von Tabernen, die ursprünglich verputzte und bemalte Wände besassen, später wurden diese durch Verkleidungen aus Marmor ersetzt. Flankiert wurde die Ladenreihe durch Treppenaufgänge. Vor den Tabernen erstreckte sich eine zweistöckige und höchstwahrscheinlich mit Kreuzgewölben überdachte Portikus mit einer Fassade, die durch Bögen und Halbsäulen gegliedert war.

Mercati Traiani

Schon unter Domitian begonnen und um 110 unter Trajan fertiggestellt, diente die Anlage als Ersatz für die durch das Trajansforum aus

IV. Anmerkungen zu Architektur und Inventar römischer Bauten

Abb. 19: Rom, Trajansforum mit Handelsgebäuden.

der sicherlich zuvor dicht besiedelten Region verdrängten Läden und Werkstätten. Außerdem diente die Anlage als Stütze für die westliche Flanke des Quirinals, die bei der Planierung für den Forumsbau abgetragen worden war. Die Anlage besteht aus einem ganzen System von Terrassen, Treppen und Wegen, die in insgesamt sechs Höhenebenen gestaffelt waren und sich in zwei getrennte architektonische Abschnitte einteilen lassen. Durchschnitten wird die Anlage von der *Via Biberatica*. Unterhalb von dieser liegen Magazinräume und eine große segmentierte zweigeschossige Halle mit Arkaden, die der Kurvatur der Exedra des Forumsplatzes folgt. Links und rechts ist sie von kleinen ebenfalls segmentierten Apsiden flankiert. Hinter den Arkaden der Halle liegen radial angeordnete und tonnengewölbte einfache Ladenräume von gleicher Größe, die an ihren Enden von Treppenanlagen eingefaßt sind. Im NW folgt ein erster Komplex mit großen Magazinräumen. Im Norden, jenseits der *Via Biberatica* liegt die große Markthalle, auch *aula coperta* oder *aula Traiani* genannt. Deren mächtiges Hauptschiff mit sechs Kreuzgewölben war zu beiden Seiten von

IV.6 Gewerblich genutzte Gebäude

Abb. 20: Rom, Caracallathermen.

Tabernen unterschiedlicher Tiefenerstreckung eingefaßt. Weitere Magazinräume schließen sich im Osten und SO an. Die ganze Anlage diente dem Handel, insgesamt fanden mindestens 150 Läden, Magazine oder Werkstätten hier ihren Platz. Die große Markthalle war außerdem Ort der Verteilung von staatlichen Getreide- und Lebensmittelspenden. Hier wurden die aus den Provinzen herangeschafften Gebrauchsgüter aller Art angeboten, es handelte sich um das Handelszentrum Roms. Das Konglomerat aus Räumen, Hallen und Treppen unterschiedlichster Funktion war sicherlich durch die Ballung von Werkstätten und Handelseinrichtungen einer recht hohen Gefährdung durch Brände ausgesetzt.

IV. Anmerkungen zu Architektur und Inventar römischer Bauten

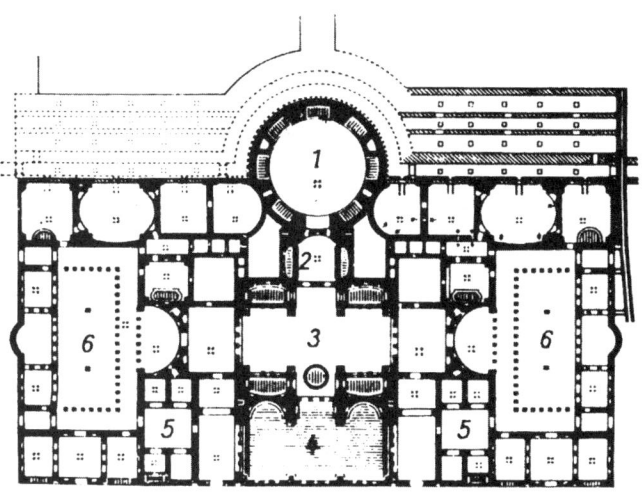

Caracallathermen, Grundriß. *1* Caldarium, *2* Tepidarium, *3* Frigidarium, *4* Natatio, *5* Apodyterion, *6* Basilika

Abb. 21: Rom, Thermen des Caracalla, Plan.

Thermen

Schon in der Antike genossen die ausgedehnten Thermenanlagen höchste Bewunderung[67]:

> *(...) dicam, sed cito. quid Nerone peius?*
> *quid thermis melius Neronianis? (...)*
>
> *Was hat´s Schlimmeres als Nero je gegeben,*
> *Doch was gibt´s Besseres, als die Bäder Nero´s?*
>
> (Martial, Epigramme 7, 34 - Übersetzung P. Barié u. W. Schindler)

Das ausgeklügelte System der unterschiedlich temperierten Räume mit *frigidarium* (kalt), *tepidarium* (lauwarm), *caldarium* (warm) und als

---

[67] E. Brödner, Die römischen Thermen und das antike Badewesen (1983) passim.

Option *sudatorium* (heiß), die angegliederten Einrichtungen, die der Ertüchtigung oder einfach der Abwechslung dienten, all dies erreichte eine beeindruckende Perfektion. Fußbodenheizungen, *hypocausis* bzw. *hypocauston*, und Wandheizungen mittels *tubuli* oder *tegulae mammatae*, also Ziegelplatten mit Zapfen als Abstandshalter zur Wand, sorgten für wohltemperierte Säle. Baugeschichtlich war die Thermenarchitektur ein entscheidender Faktor für die permanente Weiterentwicklung römischer Bautechnik, insbesondere im Bereich der Gewölbekonstruktionen und der Mauertechnik bis hin zur Verwendung einer Art von Gußbeton und ineinandergesteckten Amphoren im Kuppelgewölbe der Caracallathermen spätestens im 3. Jahrhundert n. Chr. Nicht minder aufwendig war das in die Bauten integrierte Versorgungs- und Wartungssystem. Ganze Wegenetze, die sich an vielen Stellen zu Räumen erweiterten, waren im Bereich der Substruktionen untergebracht. Die Räume dienten teils als Holzmagazine, teils den Bediensteten, meist Sklaven, als Ruheräume. Über Treppenhäuser standen diese Bereiche mit den Obergeschossen und Gewölben in Verbindung. Hier verliefen die für die Wasserversorgung und Brauchwasserentsorgung notwendigen Kanäle. Öllampen, Oberlichtöffnungen oder schmale Mauerschlitze gestatteten eine allenfalls diffuse Beleuchtung. Von hier waren die Feuerstellen zu bedienen, die das System der Hypokausten und die Wasserkessel zu beheizen hatten. Die Versorgungswege der Caracallathermen etwa erreichen eine Größe, die es ganzen Gespannen ermöglichte, unterirdisch Brennmaterial bis zu den zentralen Befeuerungsstellen zu transportieren. In diesem Bereich sorgte eine Vielzahl von Personal für den reibungslosen technischen Betrieb der Anlagen, außer den Heizern standen Handwerker und Ingenieure für anfallende Reparaturen bereit. Der Bedarf an Brennholz für die Feuerstellen einer öffentlichen Thermenanlage, die *praefurnia*, muss sehr groß gewesen sein, die gewaltige Heizungsanlage stellte eine nicht unerhebliche Gefahr dar. Daher wurden selbst in Privatbädern alle beheizten Räume, die in unmittelbarer Nähe zur Feuerstelle lagen, in hitzebeständiger Steinbauweise ausgeführt, lediglich unbeheizte Umkleideräume, *apodyteria*, konnten aus Holzkonstrukti-

IV. Anmerkungen zu Architektur und Inventar römischer Bauten

Abb. 22: Pompeji, Öllampen.

onen bestehen[68]. Die Befeuerung lief während der Betriebszeiten am Tage auf Höchstleistung, sie wurde während der Nacht nur heruntergefahren, jedoch nicht unterbrochen[69]. Man war sich der Feuergefahr, die von diesen Anlagen ausging, durchaus bewusst und errichtete diese daher mit Bedacht am Rande von Wohngebieten. Auch achtete man am Errichtungsort auf die vorherrschende Windrichtung, um eine Belästigung durch die starke Rauchentwicklung der Feuerstelle zu vermindern[70].

Es ist bezeichnend, wie Martial die Regierungszeit des Nero zu umschreiben weiß, indem er der Person ein solches Gebäude gegenüberstellt - die Stelle wurde am Kapitelanfang zitiert.

---

[68] Zu römischen Privatbädern: N. de Haan, Römische Privatbäder - Entwicklung, Verbreitung, Struktur und sozialer Status (2003) passim.
[69] E. Brödner, Die römischen Thermen und das antike Badewesen (1983) 119.
[70] H. Eschebach, Die Stabianer Thermen in Pompeji (1979) 6.

Abb. 23: Pompeji, Kücheninventar.

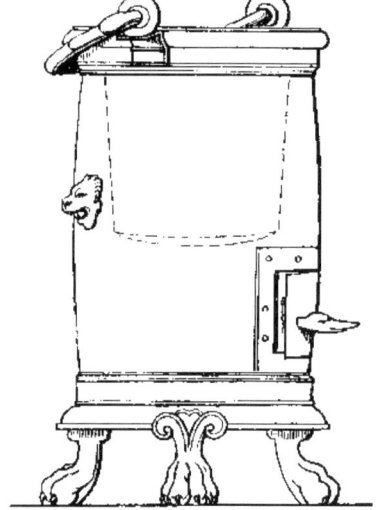

Abb. 24: Pompeji, Ofen.

IV.7 Inventar römischer Häuser

Soweit die Befunde aus Pompeji und Herkulaneum - beide Städte wurden beim Ausbruch des Vesuv 79 n. Chr. innerhalb weniger Stunden und ohne Vorwarnung verschüttet - eine Rekonstruktion zulassen, zeigt sich, dass die Räume der Häuser nicht in vergleichbarer Weise wie heute mit Inventar vollgestellt waren. Die Möbel - vorwiegend Stühle, Tische, Liegen und Betten - waren aus Holz gefertigt und eher spärlich in den Räumen verteilt[71]. Gewebte Vorhänge und Teppiche waren ebenfalls üblich. An Metallen wurden überwiegend Bronze, Eisen und Blei verwendet. Beheizt wurden die Räume mit metallenen Kohlebecken auf Dreibeinen. In den Küchen wurde bei

---

[71] Zum Mobiliar römischer Häuser der Vesuvregion grundlegend: S. T. A. M. Mols, Houten Meubels in Herculaneum - Vorm, Techniek en Functie (1994) passim.

IV. Anmerkungen zu Architektur und Inventar römischer Bauten

Abb. 25: Pompeji, Rekonstruktion einer Kline

offener Flamme gekocht. Die Beleuchtung erfolgte über Öllampen mit Docht, oder über aufwendig gestaltete Kandelaber.

Offenes Licht, offene Feuerstellen, Zugluft durch undichte Fenster und Türen, brennbares Material - in römischen Häusern waren viele Gefahrenquellen vorhanden, die das Ausbrechen von Feuern sehr begünstigten.

V. Ursachen für Schadensfälle

V.1 Fahrlässigkeit

Häufigste Ursache war der sorglose Umgang mit offenen Feuerstellen. Kohlebecken, Öllampen, Fackeln, Kandelaber und Kochfeuer ließen fast täglich Brände entstehen. Waren beispielsweise die der Beleuchtung dienenden Kandelaber aus Holz, so konnte sich das friedliche Licht der darauf abgestellten Öllampen schnell in eine lodernde Fackel verwandeln, wie wir bei Martial erfahren:

Esse vides lignum; servas nisi lumina, fiet
de candelabro magna lucerna tibi

Du siehst, ich bin aus Holz; achtest du nicht auf die Flammen,
wird dir aus dem Kandelaber eine gewaltige Leuchte entstehen.

(Martial, Epigramme 14, 44 - Übersetzung P. Barié u. W. Schindler)

Der Dichter Horaz schildert einen banalen Vorfall in einer Garküche in seinen Satiren:

tendimus hinc recta Beneventum, ubi sedulus hospes paene macros arsit dum turdos versat in igni. nam vaga per veterem dilapso flamma culinam Volcano summum properabat lambere tectum. convivas avidos cenam servosque timentis tum rapere atque omnis restinguere velle videres

In Benevent verbrannte der eifrige Gastwirt beinah, als magere Drosseln er briet überm Feuer. Denn seiner Fessel entzog sich die züngelnde Flamme und leckte geschwind in der alten Küche hinan bis zum Dachfirst. Hungrig die

Gäste und angstvoll die Diener - welch Anblick! -, sie alle eilten beflissen, die Speisen zu retten, das Feuer zu löschen.

(Horaz, Satiren I, 71ff. - Übersetzung M. Simon)

Wie real die Gefahr war, zeigen diverse Grabinschriften wie die im folgenden zitierte aus dem 1. Jahrhundert n. Chr.[72]:

Seio Dalmate homini bono, [q]ui incendio [o]ppressus est, Aurelia Victorina uxor

„Dem Seius Dalmata, dem guten Menschen, der bei einem Brande umkam, Aurelia Victorina, Gattin"

V.2 Gebäudeeinsturz

Geradezu kriminell muten die Zustände der Mietskasernen in Rom hinsichtlich der Gefährdung von Mietern durch Einsturz oder Feuer an, wie Juvenal zu berichten weiß:

Quis timet aut timuit gelida Praeneste ruinam
aut positis nemorosa inter iuga Volsiniis aut
simplicibus Gabiis aut proni Tiburis arce?
nos urbem colimus tenui tibicine fultam
magna parte sui; nam sic labentibus obstat
vilicus et, veteris rimae cum texit hiatum,
securos pendente iubet dormire ruina.
vivendum est illic, ubi nulla incendia, nulli
nocte metus. iam poscit aquam, iam frivola transfert
Ucalegon, tabulata tibi iam tertia fumant;
tu nescis; nam si gradibus trepidatur ab imis,

---

[72] H. Dessau, Inscriptiones Latinae Selectae I-III 2 (1897-1916) 8519.

V. Ursachen für Schadensfälle

ultimus ardebit quem tegula sola tuetur
a pluvia, molles ubi reddunt ova columbae.

Wer hat je schon gebebt in dem kühlen Praeneste vor Einsturz, wer in Volsinii, mitten gelegen in waldigen Höhn, in Gabii, biederen Sinns, und in Tiburs ragender Festung? Doch wir bewohnen ja Rom, zum größten Teile mit schwachen Pfeilern gestützt; denn so beugt jedem Verfalle der Hauswart vor, und hat er den Spalt der veralteten Ritze verkleistert, mahnet er, sicher zu ruhn, droht auch in dem Hause der Einsturz. Schon rufet nach Wasser und rettet sein kümmerliches Eigentum der Bewohner im Erdgeschoß, schon dringet der Rauch zur dritten Etage: Du weißt nichts. Denn: wohnt man fern der untersten Stufen, fasset den letzten der Brand, den oben allein direkt unter dem Dach".

(Juvenal, Satiren III, 190ff. - Übersetzung E. v. Siebold)

Bezüglich katastrophaler Gebäudezusammenbrüche bietet das Unglück des Amphitheaters von Fidena die wohl drastischste Schilderung, Tacitus vergleicht es ohne Umschweife mit einer Niederlage in einem Feldzug:

M. Licinio L. Calpurnio consulibus ingentium bellorum cladem aequavit malum inprovisum: eius initium simul et finis exstitit. nam coepto apud Fidenam amphitheatro Atilius quidam libertini generis, quo spectaculum gladiatorum celebraret, neque fundamenta per solidum subdidit neque firmis nexibus ligneam compagem superstruxit, ut qui non abundantia pecuniae nec municipali ambitione, sed in sordidam mercedem id negotium quaesivisset. adfluxere avidi talium, imperitante Tiberio procul voluptatibus habiti, virile ac muliebre secus, omnis aetas, ob propinquitatem loci effusius; unde gravior pestis fuit, conferta mole. dein convulsa, dum ruit intus aut in exteriora effunditur immensamque vim mortalium, spectaculo intentos aut qui circum adstabant, praeceps trahit atque operit. et illi quidem, quos principium stragis in mortem adflixerat, ut tali sorte, cruciatum effugere: miserandi magis quos abrupta parte corporis nondum vita deseruerat; qui per diem visu, per noctem ululatibus et gemitu coniuges aut liberos noscebant. iam ceteri fama

V.2 Gebäudeeinsturz

exciti, hic fratrem, propinquum ille, alius parentes lamentari; etiam quorum diversa de causa amici aut necessarii aberant, pavere tamen: nequedum comperto, quos illa vis perculisset, latior ex incerto metus. Ut coepere dimoveri obruta, concursus ad exanimos complectentium osculantium et saepe certamen, si confusior facies, sed par forma aut aetas errorem adgnoscentibus fecerat. quinquaginta hominum milia eo casu debilitata vel obtrita sunt; cautumque in posterum senatus consulto, ne quis gladiatorium munus ederet, cui minor quadringentorum milium res, neve amphitheatrum imponeretur nisi solo firmitatis spectatae: Atilius in exilium actus est. ceterum sub recentem cladem patuere procerum domus, fomenta et medici passim praebiti (...)

Unter dem Konsulat des M. Licinius und L. Calpumius ereignete sich, gleich schlimm wie eine Niederlage in gewaltigen Kriegen, ein unvorhergesehenes Unglück: sein Anfang war im selben Augenblick auch schon sein Ende. Denn bei Fidena hatte ein gewisser Atilius, seines Standes ein Freigelassener, den Bau eines Amphitheaters begonnen, um Gladiatorenspiele zu veranstalten: dabei legte er aber weder die Fundamente auf festen Boden noch sicherte er das Holzgefüge des Oberbaues durch starke Klammern, da er ja nicht, um überflüssige Geldmittel einzusetzen, noch aus kleinstädtischem Ehrgeiz heraus, sondern in schnöder Gewinnsucht dieses Geschäft unternommen hatte. Da strömten sie in Menge herbei, gierig auf solche Darbietungen, weil sie unter der Herrschaft des Tiberius Volksbelustigungen entbehren mußten, Männer und Frauen jeden Alters, wegen der Nähe des Ortes zu Rom in noch größerer Fülle; um so fürchterlicher war das Unheil. als das überfüllte Bauwerk dann plötzlich aus den Fugen ging, indem es nach innen stürzte oder in seine äußeren Teile zerbrach und die unermeßliche Menge der Menschen, die dem Schauspiel gespannt folgten oder ringsum standen, in die Tiefe riß und unter sich begrub. Jene, die gleich zu Beginn des Einsturzes den Tod gefunden hatten, entgingen, wie das bei solchem Schicksal der Fall ist, wenigstens der Qual: mehr zu bedauern waren diejenigen, die nach Verlust von Gliedmaßen noch am Leben waren; sie versuchten bei Tage mit den Augen, bei Nacht an dem Geschrei und Jammern ihre Frauen oder Kinder zu erkennen. Alsbald wurden die übrigen Angehörigen durch die Nachricht herbeigetrieben; dieser beklagte seinen

V. Ursachen für Schadensfälle

Bruder, einen Verwandten jener, ein anderer seine Eltern; auch Leute, deren Freunde oder Angehörige aus einem ganz anderen Grund nicht zu Hause waren, schwebten trotzdem in Angst; und solange noch nicht bekannt war, wen dieses Unglück ereilt habe, weitete sich infolge der Ungewißheit die Furcht noch aus. Als man begann, die Trümmer wegzuräumen, liefen alle zu den Toten hin, um sie zu umarmen, zu küssen; und oft gab es Streit, wenn trotz eines allzu entstellten Gesichts die Ähnlichkeit in Gestalt und Alter zu einem Irrtum beim Wiedererkennen geführt hatte. 50000 Menschen sind bei dieser Katastrophe verstümmelt oder zermalmt worden; und man traf für die Zukunft Vorsorge durch einen Senatsbeschluß, daß niemand ein Gladiatorenspiel veranstalten dürfe, dessen Vermögen weniger als 400000 Sesterzen betrage, und daß ein Amphitheater nur erbaut werden dürfe, wenn die Festigkeit des Bodens geprüft sei. Atilius wurde in die Verbannung geschickt. Im übrigen öffneten sich unmittelbar nach dem Unglück die Häuser der Vornehmen, Verbandmittel und Ärzte wurden überall angeboten (...)

(Tacitus, Annalen IV 62, 1ff. - Übersetzung E. Heller.)

Natürlich handelte es sich um eine außergewöhnliche Katastrophe, aber in der Literatur finden sich immer wieder kurze Hinweise auf den Zusammenbruch eines Gebäudes. Martial schildert den Einsturz einer Säulenhalle und gratuliert einem Zeitgenossen, der zuvor an der Stelle weilte, aber zufälligerweise unverletzt blieb, zu seinem Glück:

Haec quae pulvere dissipata multo
longas porticus explicat ruinas,
en quanto iacet absoluta casu!
tectis nam modo Regulus sub illis
gestatus fuerat recesseratque,
victa est pondere cum suo repente,
et postquam domino nihil timebat,
securo ruit incruenta damno.
tantae, Regule, post metum querelae
quis curam neget esse te deorum,
propter quem fuit innocens ruina?

V.2 Gebäudeeinsturz

Diese Portikus, die, zu Staub zerteilet,
ihre Trümmer so weit umher verbreitet,
Liegt, der Schuld in so bösem Fall entbunden.
Denn als Regulus unter jenem Dache
Kaum gefahren und sich daraus entfernet,
Ward sie plötzlich durch ihre Last bewältigt;
Und als nichts zu befürchten für den Herrn war,
Stürzt' unblutig sie ein, vor Schaden sicher.
Wer kann, Regulus, leugnen, daß die Götter
Dich behüten aus Furcht vor unsern Klagen
Und unschädlich darum der Sturz dir wurde?

(Martial, Epigramme I 82 - Übersetzung A. Berg)

Auch hier sei eine Anekdote von Nero angeführt, in der berichtet wird, dass er, der ja gerne als Schauspieler und Sänger aufzutreten pflegte, auch einmal eine Vorstellung im Theater zu Neapel absolvierte. Unmittelbar nach deren Ende kollabierte das gesamte Gebäude, wovon Sueton und Tacitus zu berichten wissen. Sie bieten unterschiedliche Versionen: Sueton illustriert mit dem Vorfall die Besessenheit Neros bei Auftritten:

et prodit Neapoli primum ac ne concusso quidem repente motu terrae theatro ante cantare destitit, quam incohatum absolveret nomon.

Zum ersten Mal trat er in Neapel auf. Nicht einmal dass ein Erdbeben das Theater erzittern ließ, ließ ihn seinen Gesang abbrechen; das Stück, das er begonnen hatte, brachte er zu Ende.

(Sueton, Nero 20, 2 - Übersetzung H. Martinet)

Tacitus sieht hingegen in dem spektakulären Auftritt ein düsteres Vorzeichen für kommendes Unglück:

V. Ursachen für Schadensfälle

Illic, plerique ut arbitrabantur, triste, ut ipse, providuum potius et secundis numinibus evenit: nam egresso qui affuerat populo vacuum et sine ullius noxa theatrum collapsum est.

Dort kam es zu einem, wie die meisten glaubten, unheildrohenden, nach seiner Meinung aber eher von der Vorsorge gütiger Gottheiten zeugenden Vorfall: denn als die Zuschauermenge weggegangen war, stürzte das leere Theater ein, ohne daß irgendjemand Schaden erlitt.

(Tacitus, Annalen 15, 34, 1 - Übersetzung E. Heller)

Die zitierten Quellen zu dem Vorfall in Neapel werden in der neueren Forschung zu Pompeji als Beleg für ein zweites Erdbeben herangezogen, das nach dem von Seneca und Tacitus für das Jahr 62 aufgezeichneten schweren Beben stattgefunden haben könnte. In der Tat zeigen Reparaturen an öffentlichen und privaten Gebäuden der Stadt, dass sicher auch nach dem historisch belegten großen Erdbeben weitere Ereignisse zu Ausbesserungsarbeiten zwangen. Ob es sich allerdings um ein zweites zeitlich klar begrenztes Erdbeben handelte, oder aber die von Plinius d. J. erwähnten Erdstöße kurz vor Ausbruch des Vesuv Ursache für ausgedehnte Reparaturmaßnahmen waren, ist in der Wissenschaft umstritten[73].

V.3 Natürliche Ursachen

Wie auch heute zeichnete sich das Klima des Mittelmeerraumes in der Antike durch sehr heiße trockene Sommer und milde, niederschlagsreiche Winter aus. Vergil schildert in eindrucksvoller Weise Unwetter, die häufig über das Land hereinbrechen und die Ernte vernichten:

---

[73] Zur Diskussion eines zweiten Erdbebens in Pompeji: Th. Fröhlich - C. Jacobelli, Achäologie und Seismologie. La regione vesuviana dal 62 al 79 d. C. Problemi archeologici e sismologici (1995) passim. Siehe auch Seite 114ff.

V.3 Natürliche Ursachen

(...) saepe ego, cum flavis messorem induceret arvis agricola et fragili iam stringeret hordea culmo, omnia ventorum concurrere proelia vidi, quae gravidam late segetem ab radicibus imis sublimem expulsam eruerent, ita turbine nigro ferret hiems culmumque levem stipulasque volantis. saepe etiam immensum caelo venit agmen aquarum et foedam glomerant tempestatem imbribus atris collectae ex alto nubes; ruit arduus aether et pluvia ingenti sata laeta boumque labores diluit (...)

(...). Oft schon, wenn der Bauer die Schnitter auf das goldene Feld schickte und Gerstenähren vom schwachen Halm mähen ließ, sah ich, wie alle Winde kämpfend aufeinander einstürmten, weithin die ernteschwere Saat mitsamt der Wurzel ausrissen und hochschleuderten, als ob der Wintersturm mit schwarzem Wirbel leichte Halme und fliegende Stoppeln mitrisse. Oft auch zieht am Himmel eine riesige Regenfront herauf, und Wolken, oben gesammelt, ballen ein greuliches Unwetter aus schwarzem Gewölk zusammen; der hohe Äther stürzt nieder und schwemmt mit einem Wolkenbruch die prangenden Saaten und die Mühe der Stiere fort (...)

(Vergil, Georgica I 316ff. - Übersetzung O. Schönberger)

Bei Tacitus erfahren wir, dass im Jahre 65 n. Chr. ein Wirbelsturm weite Teile Kampaniens verwüstete:

Tot facinoribus foedem annum etiam dii tempestatibus et morbis insignivere. vastata Campania turbine ventorum, qui villas arbusta fruges passim disiecit pertulitque violentiam ad vicina urbi

Das durch so viele Untaten geschändete Jahr machten auch die Götter durch Unwetter und Krankheiten bemerkenswert. Verwüstet wurde Campanien durch einen Wirbelsturm, der Landhäuser und Saatfelder allenthalben zerstörte und sein Toben bis in die Nähe der Stadt ausdehnte.

(Tacitus, Annalen XVI 13, 1 - Übersetzung E. Heller)

V. Ursachen für Schadensfälle

Die Gegend Kampaniens war anscheinend für heftige und plötzlich auftretende Sturmböen bekannt, dies lässt sich auch aus einer Stelle bei Horaz schließen:

interea suspensa gravis aulaea ruinas in patinam fecere, trahentia pulveris atri quantum non Aquilo Campanis excitat agris.

Plötzlich stürzt schwer auf die Schüssel der Baldachin, der über unsrer Tafel gespannt war, reißt Wolken schwärzlichen Staubes hernieder, wie sie kein Nordsturm je aufpeitscht im weiten Gefilde Kampaniens.

(Horaz, Satiren II, 54-56 - Übersetzung M.Simon)

Heftige Gewitter mit Blitzschlag waren häufig Ursache für Feuer. Solche Ereignisse waren tief im Glauben verwurzelt. Aus der Mythologie war das Motiv des Blitzschlages als Waffe des Jupiter bestens bekannt, so auch beim Ende des in der Einleitung erwähnten *Phaëton* und seiner unglückseligen Fahrt mit dem Sonnenwagen:

Esse illum ignem color ostendit, qui non est nisi ex eo. Ostendit effectus: magnorum enim saepe incendiorum causa fulmen fuit; silvae illo concrematae et urbium partes

Daß der Blitz Feuer ist, zeigt die Farbe, die nur von Feuer herrühren kann. Das zeigt auch die Auswirkung. Der Blitz war ja oft Ursache von großen Bränden. Wälder sind von ihm in Asche gelegt worden und Teile von Städten

(Seneca, naturales quaestiones II 21, 2 - Übersetzung M. F. A. Brok)

*intonat et dextra libratum fulmen ab aure
misit in aurigam pariterque animaque rotisque
expulit et saevis conpescuit ignibus ignes.*

V.3 Natürliche Ursachen

Sandt er im Schwunge den Blitz,
und vom Leben zugleich und dem Wagen,
rafft er ihn weg und bezwang mit schrecklicher Flamme die Flammen

(Ovid, Metamorphosen II, 311 - Übersetzung R. Suchier)

Die Etrusker glaubten, aus Blitzen die Absichten der Götter erkennen zu können. Angeblich hat noch Augustus auf dem Palatin den Platz für den um 28 v. Chr. errichteten und mit einem Kultbild des Skopas ausgestatteten Apollon-Tempels aufgrund eines Blitzschlages ausgewählt. Tacitus berichtet, dass im Jahre 62 n. Chr. ein berühmtes Gymnasium, das von Nero kurz zuvor gestiftet worden war, durch Blitzschlag vernichtet wurde, wobei er nicht vergisst, ein beeindruckendes Beispiel für die dabei freiwerdende Hitze zu liefern:

Isdem consulibus gymnasium ictu fulminis conflagravit, effigiesque in eo Neronis ad informe aes liquefacta.

unter denselben Konsuln brannte das Gymnasium durch Blitzschlag ab, und das dortige Standbild Neros schmolz zu einem unförmigen Erzklumpen zusammen.

(Tacitus, Annalen XV 22, 2 - Übersetzung E. Heller)

Besonders betroffen waren die hochaufragenden öffentlichen Gebäude, Tempel und große Hallenbauten.

Naturkatastrophen

Zahlreiche antike Quellen berichten von schweren Katastrophen, die ganze Landstriche verwüsteten, schlimmstenfalls auch ganz unbewohnbar machten. Meist werden Erdbeben erwähnt, aber auch der Ausbruch des Vesuv. Die Region um Neapel wurde im Jahre 62 n.

V. Ursachen für Schadensfälle

Abb. 26: Pompeji, Übersicht aus Richtung des Vesuv.

Chr. durch ein Erdbeben erschüttert, das insbesondere die Stadt Pompeji in Mitleidenschaft zog[74]. Der Chronist Tacitus vermeldet das Ereignis in aller Kürze und ohne jede Wertung:

> et motu terrae celebre Campaniae oppidum Pompei magna ex parte proruit

> *Durch ein Erdbeben stürzte die volkreiche campanische Stadt Pompeji zum großen Teil ein*

(Tacitus, Annalen XV 22, 2 - Übersetzung E. Heller)

Seneca dagegen richtet sein Hauptinteresse auf seismische Phänomene und verknüpft die Vorgänge des Erdbebens mit überliefertem

---

[74] Seneca und Tacitus widersprechen sich bei der Datierung des Erdbebens. Bei Tacitus fällt dieses in das Jahr 62 n. Chr., bei Seneca jedoch auf das Jahr 63 n. Chr. Heute gilt allgemein das Datum 62 n. Chr.. Hierzu: G. O. Onorato, Rend-AccLinc 8. Ser. 4, 1949, 644-661.

V.3 Natürliche Ursachen

Abb. 27: Pompejji, Erdbebenreparatur.

Volksglauben, naturwissenschaftlichen Erkenntnissen und eigener persönlicher Anteilnahme:

1 1 Pompeios, celebrem Campaniae urbem, in quam ab altera parte Surrentinum Stabianumque litus, ab altera Herculanense conveniunt et mare ex aperto reductum amoeno sinu cingunt, consedisse terrae motu, vexatis quaecumque adiacebant regionibus, Lucili, virorum optime, audivimus, et quidem hibernis diebus, quos vacare a tali periculo maiores nostri solebant promittere. 2 Nonis Februariis hic fuit motus Regulo et Verginio consulibus, qui Campaniam, numquam securam huius mali, indemnem tamen et totiens defunctam metu, magna strage vastavit. Nam et Herculanensis oppidi pars ruit dubieque stant etiam quae relicta sunt, et Nucerinorum colonia, ut sine clade, ita non sine querela est. Neapolis quoque privatim multa, publice nihil amisit leviter ingenti malo perstricta; villae vero prorutae, passim sine iniuria tremuere. 3 Adiciuntur his illa: sexcentarum ovium gregem exanimatum et divisas statuas, motae post hoc mentis aliquos atque impotentes sui errasse.

V. Ursachen für Schadensfälle

1 1 Wir haben die Schreckensnachricht vernommen, mein liebster Lucilius, Pompeji in Kampanien, wo einerseits die Strände von Sorentum und Stabiae, andererseits die Küstenstriche von Herculaneum zusammentreffen und das landeinwärts gedrungene Meer in einer malerischen Bucht einschließen, jene volkreiche Stadt ist durch ein Erdbeben in Trümmer gesunken, und auch die Umgebung ist schwer getroffen worden.1 Und dies geschah im Winter, obschon unsere Vorfahren immer versichert haben, daß in jener Jahreszeit dafür keine Gefahr bestehe. 2 Es war am 5. Februar unter dem Konsulat des Regulus und Verginius, als dieses Erdbeben in Kampanien ungeheure Verwüstungen anrichtete. Diese Landschaft ist eigentlich nie vor einem solchen Unglück sicher, aber bisher erlitt sie nie großen Schaden und ist immer mit dem Schrecken davongekommen. Jetzt liegt auch ein Teil Herculaneums in Trümmern, und was stehengeblieben ist, droht einzustürzen. Die Kolonie Nuceria blieb vor Zerstörung bewahrt, ist aber dennoch nicht ohne Trauer. Neapel wurde von der großen Katastrophe nur leicht getroffen, aber hat doch große Schäden an privatem Eigentum erlitten, öffentlicher Besitz blieb dagegen unversehrt. Landhäuser sind zusammengebrochen, andere weit umher überstanden die Stöße. Und das ist nicht alles. Eine Herde von sechshundert Schafen kam um, Statuen wurden gespalten, und danach irrten Leute verstörten Sinnes umher, die vollkommen aus dem Gleichgewicht geraten waren.

(Seneca, Naturales Quaestiones VI 1, 1ff. - Übersetzung M. F. A. Brok)

Die bekannteste Katastrophe der Antike jedoch ist sicher der Ausbruch des Vesuv im August 79 n. Chr., dessen Ablauf Plinius d. J. in zwei Briefen an Tacitus eindringlich schildert. Im ersten Schreiben berichtet er vom Schicksal Plinius d. Ä.:

(...) Septembres hora fere septima mater mea indicat ei apparere nubem inusitata et magnitudine et specie. (...) nubes, incertum procul intuentibus, ex quo monte (Vesuvium fuisse postea cognitum est), oriebatur, cuius similitudinem et formam non alia magis arbor quam pinus expresserit. nam longissimo velut trunco elata in altum quibusdam ramis diffundebatur, credo, quia recenti spiritu evecta, dein senescente eo destituta aut etiam pondere suo

V.3 Natürliche Ursachen

victa in latitudinem vanescebat, candida interdum, interdum sordida et maculosa, prout terram cineremve sustulerat. (...) iam pumices etiam nigrique et ambusti et fracti igne lapides, iam vadum subitum ruinaque montis litora obstantia. (...) Interim e Vesuvio monte pluribus locis latissimae flammae altaque incendia relucebant, quorum fulgor et claritas tenebris noctis excitabatur. ille agrestium trepidatione ignes relictos desertasque villas per solitudinem ardere in remedium formidinis dictitabat. (...) sed area, ex qua diaeta adibatur, ita iam cinere mixtisque pumicibus oppleta surrexerat, tu, si longior in cubiculo mora, exitus negaretur. (...) in commune consultant, intra tecta subsistant an in aperto vagentur. nam crebris vastisque tremoribus tecta nutabant et quasi emota sedibus suis nunc huc nunc illuc abire aut referri videbantur. sub dio rursus quamquam levium exesorumque pumicum casus metuebatur, quod tamen periculorum collatio elegit. et apud illum quidem ratio rationem, apud alios timorem timor vicit. cervicalia capitibus imposita linteis constringunt; id munimentum adversus incidentia fuit. Iam dies alibi, illic nox omnibus noctibus nigrior densiorque, quam tamen faces multae variaque lumina solabantur. (...) deinde flammae flammarumque praenuntius odor sulpuris alios in fugam vertunt, excitant illum. innitens servolis duobus adsurrexit et statim concidit, ut ego colligo, crassiore caligine spiritu obstructo (...)

(...) Am 24. August etwa um die siebente Stunde ließ meine Mutter ihm sagen, am Himmel stehe eine Wolke von ungewöhnlicher Gestalt und Größe. (...) Es erhob sich eine Wolke, für den Beobachter aus der Ferne unkenntlich, auf welchem Berge — später erfuhr man, es sei der Vesuv gewesen -, deren Gestalt am ehesten einer Pinie ähnelte. Denn sie stieg wie ein Riesenstamm in die Höhe und verzweigte sich dann in eine Reihe von Ästen, wohl weil ein kräftiger Luftzug sie emporwirbelte und dann nachließ, so daß sie den Auftrieb verlor oder auch vermöge ihres Eigengewichtes sich in die Breite verflüchtigte, manchmal weiß, dann wieder schmutzig und fleckig, je nachdem sie Erde oder Asche mit sich emporgerissen hatte. (...) Schon fiel Asche auf die Schiffe, immer heißer und dichter, je näher sie herankamen, bald auch Bimstein und schwarze, halbverkohlte, vom Feuer geborstene Steine, schon trat das Meer plötzlich zurück, und das Ufer wurde durch Felsbrocken vom

V. Ursachen für Schadensfälle

Berge her unpassierbar. (...) Inzwischen leuchteten vom Vesuv her an mehreren Stellen weite Flammenherde und hohe Feuersäulen auf, deren strahlende Helle durch die dunkle Nacht noch gehoben wurde. Um das Grauen der andern zu beschwichtigen, erklärte mein Oheim, Bauern hätten in der Aufregung die Herdfeuer brennen lassen, und nun ständen ihre verlassenen Hütten unbehütet in Flammen. (...) Aber der Boden des Vorplatzes, von dem aus man das Zimmer betrat, hatte sich, von einem Gemisch aus Asche und Bimsstein bedeckt, schon so weit gehoben, daß man, blieb man noch länger in dem Gemach, nicht mehr hätte herauskommen können. (...) Gemeinschaftlich berieten sie, ob sie im Hause bleiben oder sich ins Freie begeben sollten, denn infolge häufiger, starker Erdstöße wankten die Gebäude und schienen, gleichsam aus ihren Fundamenten gelöst, hin- und herzuschwanken. Im Freien wiederum war das Niedergehen allerdings nur leichter, ausgeglühter Bimssteinstückchen bedenklich, doch entschied man sich beim Vergleich der beiden Gefahren für das letztere, und zwar trug bei ihm eine vernünftige Überlegung über die andre, bei den übrigen eine Befürchtung über die andre den Sieg davon. Sie stülpten sich Kissen über den Kopf und verschnürten sie mit Tüchern; das bot Schutz gegen den Steinschlag. Schon, war es anderswo Tag, dort aber Nacht, schwärzer und dichter als alle Nächte sonst, doch milderten die vielen Fackeln und mancherlei Lichter die Finsternis. (...) Dann jagten Flammen und als ihr Vorbote Schwefelgeruch die andern in die Flucht, schreckten ihn auf. Auf zwei Sklaven gestützt, erhob er sich und brach gleich tot zusammen, vermutlich, weil ihm der dichtere Qualm den Atem benahm und den Schlund verschloß (...)

(Plinius, Epistulae VI, 16 - Übersetzung H. Kasten)

Im zweiten Schreiben schildert Plinius d. J. die eigenen, ganz persönlichen Erlebnisse in Stabiae:

(...) praecesserat per multos dies tremor terrae minus formidolosus, quia Campaniae solitus; illa vero nocte ita invaluit, ut non moveri omnia, sed verti crederentur. inrumpit cubiculum meum mater; surgebam invicem, si quiesceret, excitaturus. resedimus in area domus, quae mare a tectis modico spatio dividebat. (...) multa ibi miranda, multas formidines patimur. nam

V.3 Natürliche Ursachen

vehicula, quae produci iusseramus, quamquam in planissimo campo, in contrarias partes agebantur ac ne lapidibus quidem fulta in eodem vestigio quiescebant. praeterea mare in se resorberi et tremore terrae quasi repelli videbamus. certe processerat litus multaque animalia maris siccis harenis detinebat. ab altero latere nubes atra et horrenda ignei spiritus tortis vibratisque discursibus rupta in longas flammarum figuras dehiscebat; fulguribus illae et similes et maiores erant. (...) Post ila nubes descendere in terras, operire maria; cinxerat Capreas et absconderat, Miseni quod procurrit, abstulerat. (...) Iam cinis, adhuc tamen rarus. respicio densa caligo tergis imminebat, quae nos torrentis modo infusa terrae sequebatur. (...) vix consideramus, et nox, non qualis inlunis aut nubila, sed qualis in locis clausis lumine exstincto. audires ululatus feminarum, infantum quiritatus, clamores virorum; alii parentes, alii liberos, alii coniuges vocibus requirebant, vocibus noscitabant; (...) Paulum reluxit, quod non dies nobis, sed adventantis ignis indicium videbatur. et ignis quidem longius substitit, tenebrae rursus, cinis rursus multus et gravis. hunc identidem adsurgentes excutiebamus; operti alioqui atque etiam oblisi pondere essemus. (...) Tandem ulla caligo tenuata quasi in fumum nebulamve discessit; mox dies verus, sol etiam effulsit, luridus tamen, qualis esse, cum deficit, solet. occursabant trepidantibus adhuc oculis mutata omnia altoque cinere tamquam nive obducta. (...)

(...) Vorangegangen waren mehrere Tage lang nicht eben beunruhigende Erdstöße - Campanien ist ja daran gewöhnt -; in jener Nacht wurden sie aber so stark, daß man glauben mußte, alles bewege sich nicht nur, sondern stehe auf dem Kopfe. Meine Mutter stürzte in mein Schlafzimmer; ich wollte gerade aufstehen, um sie zu wecken, falls sie schliefe. Wir setzten uns auf den Vorplatz des Hauses, der in mäßiger Ausdehnung das Meer von den Baulichkeiten trennte. (...) Die umliegenden Gebäude waren schon stark in Mitleidenschaft gezogen, und obwohl wir uns auf freiem, allerdings beengtem Raum befanden, empfanden wir starke und begründete Furcht, daß sie einstürzen könnten. Jetzt erst schien es uns ratsam, die Stadt zu verlassen. (...) Da sahen wir allerlei Sonderbares, Beklemmendes geschehen. Die Wagen, die wir hatten herausbringen lassen, rollten hin und her, obwohl sie

V. Ursachen für Schadensfälle

auf ganz ebenem Terrain standen, und blieben nicht einmal auf demselben Fleck, wenn wir Steine unterlegten. Außerdem sahen wir, wie das Meer sich in sich selbst zurückzog und durch die Erdstöße gleichsam zurückgedrängt wurde. Jedenfalls war der Strand vorgerückt und hielt zahllose Seetiere auf dem trockenen Sande fest. Auf der andern Seite eine schaurige, schwarze Wolke, kreuz und quer von feurigen Schlangenlinien durchzuckt, die sich in lange Flammengarben spalteten, Blitzen ähnlich, nur größer. (...) Nicht lange danach senkte sich jene Wolke auf die Erde, bedeckte das Meer, hatte bereits Capri eingehüllt und unsichtbar gemacht, hatte das Kap Misenum unsern Blicken entzogen. (...) Schon regnete es Asche, doch zunächst nur dünn. Ich schaute zurück: im Rücken drohte dichter Qualm, der uns, sich über den Erdboden ausbreitend, wie ein Gießbach folgte. (...) Kaum hatten wir uns gesetzt, da wurde es Nacht, aber nicht wie bei mondlosem, wolkenverhangenem Himmel, sondern wie in einem geschlossenen Raum, wenn man das Licht gelöscht hat. Man hörte Weiber heulen, Kinder jammern, Männer schreien: die einen riefen nach ihren Eltern, die andern nach ihren Kindern, wieder andre nach ihren Männern oder Frauen und suchten sie an der Stimme zu erkennen (...) Dann hellte es sich ein wenig auf, doch war es anscheinend nicht das Tageslicht, sondern ein Vorbote des nahenden Feuers. Aber das Feuer blieb in ziemlicher Entfernung stehen; es wurde wieder dunkel, wieder fiel Asche, dicht und schwer, die wir, fortgesetzt aufstehend, abschüttelten; wir wären sonst verschüttet und durch ihre Last erdrückt worden. (...) Endlich wurde der Qualm dünner und verflüchtigte sich sozusagen zu Dampf oder Nebel. Bald wurde es richtig Tag, sogar die Sonne kam heraus, doch nur fahl wie bei einer Sonnenfinsternis. Den noch verängstigten Augen erschien alles verwandelt und mit einer hohen Aschenschicht wie mit Schnee überzogen (...)

(Plinius, Epistulae VI, 20 - Übersetzung H. Kasten)

Sehr viel kürzer, wenn auch nicht minder beeindruckend ist ein Epigramm, das Martial der Katastrophe widmet:
Hic est pampineis viridis modo Vesbius umbris, presserat hic madidos nobilis uva lacus:

V.3 Natürliche Ursachen

haec iuga, quam Nysae colles plus Bacchus amavit,
hoc nuper Satyri monte dedere choros.
haec Veneris sedes, Lacedaemone gratior illi,
hic locus Herculeo nomine clarus erat.
cuncta iacent flammis et tristi mersa favilla:
nec superi vellent hoc licuisse sibi.

Hier der Vesuv war eben noch grün im Schatten der Reben,
hier hatte edler Wein die Kufen bis zum Überlaufen gefüllt;
hier die Anhöhen hat Bacchus mehr als die Hügel von Nysa geliebt,
hier auf dem Berg haben eben noch die Satyrn Reigentänze aufgeführt. Hier
war der Venus Sitz, ihr lieber noch als Sparta,
hier war der Ort, durch den Namen des Herkules berühmt.
All das liegt in Flammen und in trostloser Asche versunken darnieder.
Selbst die Götter wünschten, daß dies nicht in ihrer Macht gestanden hätte.

(Martial, Epigramme IV 44 - P. Barrién u. W. Schindler)

Sueton erwähnt die Katastrophe in aller Kürze bei seiner Darstellung des Lebens des Kaisers Titus:

Quaedam sub eo fortuita ac tristia acciderunt, ut conflagratio Vesuvii montis in Campania.

Unter seiner Herrschaft ereigneten sich einige schwere Schicksalsschläge, so der Ausbruch des Vesuv in Kampanien

(Sueton, Titus 8, 3 - Übersetzung H. Martinet)

Sueton erwähnt erst einige Absätze später, dass Titus Massnahmen ergriff, um die Not der Menschen in dieser Gegend zu lindern, eine explizite Erwähnung der verschütteten Städte unterbleibt. Wir wissen aus Grabungsbefunden und epigraphischen Zeugnissen, dass Angehörige die verschüttete Fläche von Pompeji kurze Zeit später systematisch durchsucht und Häuser nach der Sondierung für Nachfolgende entsprechend gekennzeichnet haben. So fand sich im Eingangsbereich

V. Ursachen für Schadensfälle

des Hauses des N. Popidius Priscus (VII 2, 20) der Hinweis „*DOMVS PERTOVSA*". Die Vulkanforschung hat insbesondere aufgrund der Briefe des Plinius und der Spuren, die der Vesuv 79 n. Chr. in den betroffene Gebieten hinterließ, versucht, die tatsächlichen Ereignisse zu rekonstruieren. Dabei waren Erkenntnisse überaus wichtig, die bei Ausbrüchen jüngster Zeit gewonnen werden konnten[75].

V.4 Wald- und Buschbrände

Brände in offenem Gelände waren ebenfalls nicht ungewöhnlich und oft das Resultat von Unachtsamkeit, was den Dichter Vergil veranlasste, mit sorglosen Hirten heftig ins Gericht zu gehen:

Nam saepe incautis pastoribus excidit ignis, qui furtim pingui primum sub cortice tectus robora comprendit frondesque elapsus in altas ingentem caelo sonitum dedit; inde secutus per ramos victor perque alta cacumina regnat, totum involvit flammis nemus et ruit atram ad caelum picea crassus caligine nubem, praesertim si tempestas a vertice silvis incubuit glomeratque ferens incendia ventus.

Ohne genügende Vorsicht entfachen Hirten oft Feuer; unbemerkt greift es unter der saftigen Rinde ins Kernholz, schleicht sich dann hoch zu den Blättern und bricht unvermutet mit lautem Prasseln zum Himmel empor, packt einen Ast nach dem andern widerstandslos und bemächtigt sich bald der ragenden Wipfel. Völlig in Flammen steht schon die Weinpflanzung, wirbelt zum Äther aufwärts aus pechschwarzem Dunkel die finstere Wolke, besonders schrecklich, wenn Sturmwind von oben über die Gärten hereinbricht, vor sich die Feuersbrunst herpeitscht und ihre Glutmassen anfacht.

(Vergil, Georgica II 303ff. - Übersetzung O. Schönberger)

---

[75] Th. Fröhlich - L. Jacobelli, Archäologie und Seismologie. La regione Vesuviana dal 62 al 79 d. C. Problemi archeologici e sismologici (1995) passim.

V.4 Wald- und Buschbrände

Vermutlich war auch die Gefahr der Erwärmung bis zur Selbstentzündung bei frisch gemähtem und feucht eingebrachten Heu bekannt. Dies lässt jedenfalls eine Bemerkung bei Ovid vermuten:

Ignibus heu lentis uretur, ut umida faena.

„Magst du mit langsamem Feuer ihn glühn wie Heu, wenn es naß ist".

(Ovid, Ars amatoria III, 373f. - Übersetzung W. Hertzberg)

Allerdings ist die Übersetzung von W. Hertzberg sehr frei. Die Stelle könnte also in Wahrheit auch nur einen Vergleich zu schlecht brennendem, weil feuchten Heu ziehen, wie auch im Folgesatz der zitierten Stelle ein Vergleich mit frisch geschlagenem Holz gezogen wird. Eindeutig aber ist der Vergleich, den Vergil zieht, um die Geschwindigkeit von Feuer zu illustrieren:

in segetem veluti cum flamma furentibus austris
incidit, aut rapidus montano flumine torrens
sternit agros, sternit sata laeta boumque labores
praecipitesque trahit silvas (...)

es ist wie wenn ein Saatfeld Feuer durchrast mit wütenden Winden,
oder ein Wildbach, reißend geschwellt vom Wasser der Berge,
Äcker zerschlägt und üppige Saat, der Pflugstiere Mühsal,
Wälder jäh mitwirbelt im Sturz (...)

(Vergil, Aeneis II 304ff. - Übersetzung J. Götte)

Die Gewalt der Flammen wird derjenigen von Wasser gleichgesetzt, dessen zerstörerische Gewalt überaus bildhaft umschrieben.

V. Ursachen für Schadensfälle

V.5 Brandstiftung

Brandstiftung war ein tägliches Problem, bei Petronius illustriert dies eine Szene auf lockere Art:

anus enim ipsa inter deversitores diutius ingurgitata ne ignem quidem admotum sensisset.

Die Alte hatte nämlich selber mit ihren Logiergästen ziemlich lange gezecht und würde nicht einmal eine Brandstiftung gemerkt haben.

(Petronius, Satyricon 79, 6 - Übersetzung K. Müller und W. Ehlers)

Kaum als Brandstiftung ist jener üble Scherz aufzufassen, den sich ein böswilliger Gefährte mit dem Protagonisten im Werk des Apuleius erlaubt:

stuppae sarcina me satis onustum probeque funiculis constrictam producit in viam deque proxima villula spirantem carbunculum furatus oneris in ipso meditullio reponit. iamque fomento tenui calescens et enutritus ignis surgebat in flammas et totum me funestus ardor invaserat nec ullum pestis extremae suffugium nec salutis aliquod apparet solacium.

Wie ich einmal Werg zu tragen habe, das mir mit Stricken fest aufgeschnürt war, was hat er da zu tun? Er stiehlt sich unterwegs in einem Dorfe eine glühende Kohle und versteckt sie in meiner Ladung. Es dauert keinen Augenblick, siehe, so war der ganze Praß entzündet und brannte heller lichter Lohe, und da stand ich mitten in Flammen. Vor Schreck war ich aus aller Fassung; ich wußte meinem Leibe keinen Rat, je schärfer das Feuer auf meinem Rücken brannte, je verwirrter ward ich. Ich gab mich verloren.

(Apuleius, Der goldene Esel VII, 4-5 - Übersetzung E. Brandt u. W. Ehlers)

Juvenal schildert die gezielte Brandstiftung als heimtückisches Verbrechen, denn bei einem Feuer, ausgehend von der Pforte, war den Hausbewohnern jeder Fluchtweg abgeschnitten:

V.5 Brandstiftung

si flectas oculos maiora ad crimina. confer
conductum latronem, incendia sulpure coepta
atque dolo, primos cum ianua colligit ignes;

Wenn dein Auge du lenkst auf größere Verbrechen. Vergleiche einen Brand, der mit Schwefel gelegt ward und auch mit List, da die Pforte zuerst vom Feuer ergriffen.

(Juvenal, Satiren XIII 144ff. - E. von Siebold)

Schon damals also waren auch leicht brennbare Stoffe und Brandbeschleuniger sowie deren spezifische Eigenschaften beim Verbrennungsvorgang bekannt (Schwefel, Öl, Fackeln, mit Pech getränktes Geflecht), wie dies auch weitere Stellen belegen:

quod oleum flammae, quod sulpur incendio

Wie Öl, das in die Flamme gegossen, wie Schwefel, der aufs Feuer geschüttet...

(Apuleius, Der goldene Esel IX, 3f. - E. Brandt u. W. Ehlers)

sive bitumineae rapiunt incendia vires
luteave exiguis ardescunt sulphura fumis

sei es auch, daß des Erdpechs Gewalt den Brand zu sich herzieht, oder der gelbe Schwefel verbrennt mit spärlichem Rauche

(Ovid, Metamorphosen XV, 350 - Übersetzung R. Suchier)

Cicero mußte im Zuge der innenpolitischen Auseinandersetzungen der späten Republik erfahren, dass selbst der amtierende Konsul als Urheber einer Brandstiftung tätig werden und dann jede Hilfe verweigern konnte:

An tum non eras consul cum in Palatio mea domus ardebat non casu aliquo sed ignibus iniectis instigante te? Ecquod in hac urbe maius umquam incendium fuit cui non consul subvenerit? At tu illo tempore apud socrum

V. Ursachen für Schadensfälle

tuam prope a meis aedibus cuius domum ad domum meam exhauriendam patefeceras, sedebas non exstinctor sed auctor incendi et ardentis faces furiis clodianis paene ipse consul ministrabas?

Warst Du nicht Konsul, als mein Haus auf dem Palatin in Brand gesteckt wurde, nicht durch irgendein Unglück sondern vielmehr durch Männer, die auf deine Veranlassung hin mit Fackeln Feuer legten? War jemals zuvor eine Feuersbrunst größeren Ausmaßes oder größerer Bedeutung, ohne dass der Konsul zu Hilfe eilte? Aber genau zu jener Zeit warst du im Haus deiner Schwiegermutter, in direkter Nachbarschaft zu meinem Haus gelegen. Du ließest ihr Haus offenstehen, um die Plünderung meines Besitzes verfolgen zu können. Du saßest da nicht zum Zwecke des Löschens, sondern als Urheber des Feuers dort, und - wie ich beinahe zu sagen beabsichtige - hast selbst als Konsul die tobenden Anhänger des Clodius mit brennenden Fackeln versorgt.

(Cicero, Pis. XI, 26 - Übersetzung Verf.)

Der berühmteste Brandstifter übrigens dürfte Kaiser Nero sein, der angeblich höchst persönlich im Jahre 64 n. Chr. Rom anzünden ließ, die Katastrophe wurde oben bereits beschrieben. Tacitus und Sueton bekräftigen wenige Jahrzehnte später die unglaubliche Geschichte. Tacitus geht nur andeutungsweise auf die Gerüchte ein, läßt aber die Schuldfrage offen:

Sequitur clades, forte an dolo principis incertum - nam utrumque auctores prodidere -,

Es folgte ein Unglück, ob durch Zufall oder auf tückische Anstiftung des Princeps, ist ungewiß - denn beides haben die Geschichtsschreiber überliefert

(Tacitus, Annalen XV, 38, 1 - Übersetzung E. Heller)

Sueton dagegen liefert unumstößliche Beweise dafür, dass an der Urheberschaft des Nero überhaupt kein Zweifel bestehen kann:

V.5 Brandstiftung

Sed nec populo aut moenibus patriae pepercit. dicente quodam in sermone communi: εμου θανοντος γαια μειχθητω πυρι immo', inquit, <εμου ζωντος>, planeque ita fecit. nam quasi offensus deformitate veterum aedificiorum et angustiis flexurisque vicorum, incendit urbem tam palam, ut plerique consulares cubicularios eius cum stuppa taedaque in praediis suis deprehensos non attigerint...

Aber nicht einmal das Volk oder die Mauern seiner Vaterstadt blieben von ihm verschont. Als einmal jemand in einem leutseligen Gespräch den griechischen Vers zitierte: »Wenn ich tot bin, da soll sich doch ruhig Erde mit Feuer mischen!« entgegnete er: »Ganz im Gegenteil, das soll noch zu meinen Lebzeiten passieren!« und genau das brachte er dann auch wirklich zustande. Er gab nämlich vor, die Schäbigkeit der alten Gebäude und die engen und gewundenen Gäßchen erregten sein Mißfallen; also ließ er die Stadt in Brand stecken. Das konnte jeder mitbekommen: eine ganze Reihe ehemaliger Konsuln ertappten seine Kammerdiener mit Pechkränzen und Fackeln auf ihrem Grund und Boden, wagten aber nicht, sie anzurühren.

(Sueton, Nero 38, 1 - Übersetzung H. Martinet)

Laut des um 451/50 v. Chr. fixierten Zwölftafelgesetzes sollte übrigens ein Brandstifter getreu des Grundsatzes, gleiches mit gleichem zu vergelten, durch Feuer bestraft werden[76]. Nero entwickelte eine geradezu hektische Aktivität und lieferte dem Volk die Christen als vermeintlich Schuldige, als die Gerüchte um seine Rolle bei dem Brand Roms nicht verstummen wollten und erste Beschwichtigungs- bzw. Täuschungsmanöver keinen Erfolg zeitigten:

... mox petita dis piacula aditique Sibyllae libri, ex quibus supplicatum Volcano et Cereri Proserpinaeque, ac propitiata Iuno per matronas, primum in Capitolio, deinde apud proximum mare, unde hausta aqua templum et simulacrum deae perspersum est; et sellisternia ac pervigilia celebravere feminae, quibus mariti erant. sed non ope humana, non largitionibus

---

[76] K. Christ, Die Römer (1979) 123.

V. Ursachen für Schadensfälle

principis aut deum placamentis decedebat infamia, quin iussum incendium crederetur. ergo abolendo rumori Nero subdidit reos et quaesitissimis poenis affecit, quos per flagitia invisos vulgus Chrestianos appellabat. auctor nominis eius Christus Tiberio imperitante per procuratorem Pontium Pilatum supplicio affectus erat; repressaque in praesens exitiabilis superstitio rursum erumpebat, non modo per Iudaeam, originem eius mali, sed per urbem etiam, quo cuncta undique atrocia aut pudenda confluunt celebranturque. igitur primum correpti qui fatebantur, deinde indicio eorum multitudo ingens haud proinde in crimine incendii quam odio humani generis convicti sunt. et pereuntibus addita ludibria, ut ferarum tergis contecti laniatu canum interirent aut crucibus affixi flammandique, ubi defecisset dies, in usum nocturni luminis urerentur. hortos suos ei spectaculo Nero obtulerat et circense ludicrum edebat, habitu aurigae permixtus plebi vel curriculo insistens. unde quamquam adversus sontes et novissima exempla meritos miseratio oriebatur, tamquam non utilitate publica, sed in saevitiam unius absumerentur.

... dann suchte man nach Sühnemitteln für die Götter und befragte die sibyllinischen Bücher. Nach ihrer Weisung wurden Gebete an Volcanus, Ceres und Proserpina gerichtet, und Iuno wurde durch die Matronen versöhnt, zuerst auf dem Kapitol, dann an der nächstgelegenen Stelle des Meeres: mit dem dort geschöpften Wasser besprengte man Tempel und Götterbild; auch feierten Frauen, deren Ehemänner noch lebten, Speiseopfer und nächtliche Feste Aber nicht durch menschliche Hilfeleistung, nicht durch die Spenden des Kaisers oder die Maßnahmen zur Beschwichtigung der Götter ließ sich das böse Gerücht unterdrücken, man glaubte vielmehr fest daran: befohlen worden sei der Brand. Daher schob Nero, um dem Gerede ein Ende zu machen, andere als Schuldige vor und belegte die mit den ausgesuchtesten Strafen, die, wegen ihrer Schandtaten verhaßt, vom Volk Chrestianer genannt wurden. Der Mann, von dem sich dieser Name herleitet, Christus, war unter der Herrschaft des Tiberius auf Veranlassung des Prokurators Pontius Pilatus hingerichtet worden; und für den Augenblick unterdrückt, brach der unheilvolle Aberglaube wieder hervor, nicht nur in Judäa, dem Ursprungsland dieses Übels, sondern auch in Rom, wo aus der *ganzen Welt alle Greuel und Scheußlichkeiten zusammenströmen und gefeiert werden. So verhaftete man zunächst diejenigen, die ein Geständnis ablegten, dann wurde auf ihre Anzeige hin eine ungeheure Menge nicht so sehr des Verbrechens der Brandstiftung als einer haßerfüllten Einstellung gegenüber dem Menschengeschlecht schuldig gesprochen. Und als sie in den Tod gingen, trieb man noch seinen Spott mit ihnen in der Weise, daß sie, in die Felle wilder Tiere gehüllt, von Hunden zerfleischt umkamen oder, ans Kreuz geschlagen und zum Feuertod bestimmt, sobald sich der Tag neigte, als nächtliche Beleuchtung verbrannt wurden. Seinen Park hatte Nero für dieses Schauspiel zur Verfügung gestellt und gab zugleich ein Circusspiel, bei dem er sich in der Tracht eines Wagenlenkers unters Volk mischte oder sich auf einen Rennwagen stellte. Daraus entwickelte sich Mitgefühl, wenngleich gegenüber Schuldigen, die die härtesten Strafen verdient hätten: denn man glaubte, nicht dem öffentlichen Interesse, sondern der Grausamkeit eines einzelnen würden sie geopfert.*

(Tacitus, Annalen XV 44, 1ff. - Übersetzung E. Heller)

V.6 Krieg

Ecce autem flammis inter tabulata volutus ad Caelum undabat vertex turrimque tenebat, turrim compactis trahibus quam eduxerat ipse subdideratque rotas pontisque instraverat altos.

Siehe, dort lohte ein Wirbel von Flammen aufwärts zum Himmel, leckte von Stockwerk zu Stockwerk empor an dem hölzernen Turme, den er einst selber aus mächtigen Balken gefügt und errichtet, unten mit Rädern versehen, mit Fallbrücken ausgelegt hatte.

(Vergil, Aeneis XII 672ff. - Übersetzung J. Götte)

Natürlich waren im Zuge militärischer Auseinandersetzungen immer Brände zu verzeichnen. Feuer wurde häufig gezielt als taktische Maß-

V. Ursachen für Schadensfälle

Abb. 28: Karthago, Übersicht.

nahme eingesetzt. Ein besonders eindruckvoller Bericht stammt aus Karthago, das von den Römern 146 v. Chr. zerstört wurde. Appian, er lebte im 2. Jahrhundert n. Chr., also rund 300 Jahre später, schildert es so:

> *Alle Straßen, die vom Forum zur Festung führten, waren von sechsstöckigen Häusern bestanden, aus denen die Verteidiger die Römer mit Geschoßhageln überschütteten. Wenn die Angreifer in die Häuser eindrangen, kämpfte man auf den Dächern und auf den Balken weiter, die man über die Hauslücken gelegt hatte. Dabei wurden viele zur Erde hinabgeschleudert oder auf die Waffen und Kämpfer unten in den Straßen. Da befahl Scipio, auch dieses gesamte Viertel in Brand zu stecken und die Trümmer wegzuschaffen, damit seine Truppen besser durchziehen könnten.*

> *Als das geschehen war, stürzten mit den Mauern die Leichen vieler Menschen herab, die sich in den obersten Stockwerken versteckt hatten und*

V.6 Krieg

dann dort verbrannt waren, und zugleich mit ihnen andere, die noch lebten oder die verwundet waren oder schwere Brandwunden hatten.

(Appian, Römische Geschichte VIII, 19, 127 ff.)

Karthago hatte ein rechtwinkliges Straßensystem mit breiten befestigten Haupt- und engeren Nebenstraßen oder kleinen Gassen, das die bebauten Bezirke in Blocks untergliederte. Hier standen die mehrstöckigen Häuser dicht an dicht, die oberen Geschosse waren über Holztreppen begehbar. Die Wasserversorgung erfolgte über Schöpfbrunnen und Zisternen.

Im Zeitraum 67 - 70 n. Chr. tobte in Judäa ein erbitterter Kampf zwischen der einheimischen Bevölkerung und der römischen Besatzung. Der Krieg endete mit der Eroberung der Stadt Jerusalem. Im Zuge der Auseinandersetzungen ging auch der Tempel, das zentrale Heiligtum der jüdischen Bevölkerung in Flammen auf. Der Historiker Flavius Josephus schildert diesen entscheidenden Augenblick:

(...) Kaum hatte sich nämlich Titus entfernt, als die Empörer nach kurzer Ruhepause abermals gegen die Römer ausrückten. Hierbei kam es zum Handgemenge zwischen der Besatzung des Tempels und den Mannschaften, die das Feuer in den Gebäuden des inneren Vorhofs löschen sollten, wobei diese die Judäer bis zum Tempelgebäude zurückdrängten. In diesem Augenblick ergriff einer der Soldaten, ohne einen Befehl abzuwarten oder die schweren Folgen seiner Tat zu bedenken, wie auf höheren Antrieb ein brennendes Holzscheit und schleuderte es, von einem Kameraden hochgehoben, durch eine kleine goldene Tür, durch die man von Norden her in die den Tempel umgebenden Gemächer eintrat. Sowie die Flammen auflöderten, stießen die Judäer angesichts der Größe des Unglücks einen Schrei aus und eilten, ohne der Gefahr zu achten oder ihre Kräfte zu schonen, zu Hilfe; denn was sie bisher vor dem Äußersten zu bewahren gesucht hatten, drohte unterzugehen.

Ein Eilbote meldete Titus, was vorgefallen war. (...) Der Caesar wollte durch Schreien und Handbewegungen den Soldaten zu verstehen geben, sie

V. Ursachen für Schadensfälle

sollten löschen; sie aber hörten sein Rufen nicht, da es von lautem Geschrei übertönt wurde, und die Zeichen seiner Hand beachteten sie nicht, weil sie teils vom Kampfe, teils von ihrer Erbitterung abgelenkt wurden. Weder Vorstellungen noch Drohungen vermochten den Andrang der Legionen aufzuhalten: Die Wut allein leitete sie. An den Eingängen kam es zu einem solchen Gedränge, daß viele von ihren Kameraden zertreten wurden; viele gerieten auf die noch glühenden und rauchenden Trümmer der Hallen und teilten so das Schicksal der Besiegten. In die Nähe des Tempels gekommen, stellten sie sich, als hörten sie nicht einmal die Befehle des Caesars, und schrien ihren Vordermännern zu, sie sollten Feuer in den Tempel werfen. Die Empörer konnten ihrerseits nichts mehr tun; denn rings um sie war Tod oder Flucht. Ganze Haufen von Bürgern, lauter schwache, unbewaffnete Leute, wurden niedergemacht, wo immer der Feind sie traf. Um den Altar türmten sich die Toten in Masse; das Blut floß an seinen Stufen, und die Leichen derer, die oben auf ihm ermordet wurden, glitten an seinen Wänden herunter.

(...) Da das Feuer bis in die innersten Räume noch nicht vorgedrungen war, sondern nur erst die an den Tempel anstoßenden Gemächer verzehrte, glaubte er mit Recht, das Gebäude selbst könne noch gerettet werden. Er versuchte deshalb persönlich die Soldaten zum Löschen anzuhalten; dem seiner Leibwache angehörenden Zenturio Liberalius befahl er, die Widerspenstigen durch Stockschläge zu zwingen. Aber ihre Erbitterung, ihr Haß gegen die Judäer und ihre ungezügelte Kampfeslust waren stärker als die Rücksicht auf den Caesar und die Furcht vor dem, der ihnen wehren wollte. Die meisten feuerte die Aussicht auf Plünderung an, da sie glaubten, es müsse, weil sie außen alles von Gold gefertigt sahen, das Innere erst recht voller Schätze sein. Während der Caesar voreilte, um die Soldaten zurückzuhalten, hatte schon einer von denen, die ins Innere eingedrungen waren, im Dunkel Feuer unter die Türangeln gelegt; als jetzt plötzlich auch von innen eine Flamme hervorschoß, zogen sich die Offiziere mit dem Caesar zurück, und niemand hinderte mehr die Soldaten, draußen Feuer zu legen. So ging der Tempel gegen den Willen des Titus in Flammen auf.

(Josephus Flavius, Geschichte des Judäischen Krieges VI 4, 5ff. - Übers. H. Clementz)

VI. Antiker Brandschutz

Nachdem wir erfahren haben, mit welchen Schadensszenarien die Feuerwehr des antiken Rom und anderer Städte konfrontiert werden konnte, gilt es, die Bedingungen für einen Löscheinsatz zu schildern.

Wasserversorgung und Verteilung

Quod si quis diligentius aestumaverit abundantiam aquarum in publico, balineis, piscinis, euripis, domibus, hortis, suburbanis villis, spatia aquae venientis, extructos arcus, montes perfossos, convalles aequatas, fatebitur nil magis mirandum fuisse in toto orbe terrarum

Wenn also jemand den Wasserreichtum, welcher der Öffentlichkeit zur Verfügung steht und in den Bädern, künstlichen Teichen und Wassergräben, in den Wohnhäusern, Gärten und Vorstadtvillen anzutreffen ist, sowie die Streckenabschnitte, auf denen das Wasser in die Stadt kommt, die hoch aufgebauten Brückenbogen, die von Tunneln durchschnittenen Berge und die gleichmäßig überbrückten Talkessel noch eingehender beurteilt, dann wird er gestehen, daß es auf der ganzen Welt nichts gegeben hat, was eine größere Bewunderung verdient hätte.

(Plinius, Nat. Hist. 36, 123ff. - Übersetzung R. König)

Wie sah es mit der Bereitstellung des auch damals schon wichtigsten Löschmittels, dem Wasser, aus? In der Regel erfolgte die Wassergewinnung in Privathäusern über eine Kombination aus Tiefbrunnen und Zisternen, in denen das Regenwasser gesammelt wurde. Die größeren Städte des römischen Reiches waren außerdem mit einem auf-

Abb. 29: Rom, Aquädukt innerhalb des Stadtgebietes.

wendigen System zur Wasserversorgung ausgestattet. Schon zur Zeit des Agrippa werden 700 Zisternen, 130 Wasserbehälter und 500 Brunnen mit Fontänen gelistet[77]. Der zur Regierungszeit Neros lebende Frontinus hat die Wasserversorgung für Rom ausführlich beschrieben, hier sei die Stelle zitiert, in der Angaben zu den täglichen Wassermengen und deren Verteilung außer- und innerhalb der Stadt gemacht werden:

ut ergo distributio quinariarum XIV millium X & VIII, ita &... quia omnes, quae ex quibusdam aquis in adiutorium aliarum dantum, & bis in speciem erogationis cadunt, semel in computationem veniunt. Ex his dividuntur extra urbem quinariarum IV millia LXIII; ex quibus nomine Caesaris quinariae MDCCXVIII; privatis qunariarium II millia CCCXLV. Reliquae intra urbem IX mille DCCCCLV distribuebantur

---

[77] H. von Hesberg, Die Veränderung des Erscheinungsbildes der Stadt Rom unter Augustus, in: Kaiser Augustus und die verlorene Politik, 1988, 96.

VI. Antiker Brandschutz

Abb. 30: Pompeji, Laufbrunnen aus Travertin

in castella CCXLVII, quibus erogabantur sub nomine Caesaris quinariae MDCCVII semis, privatis quinariarum III millia DCCCXLVII; usibus publicis quinariarum II millia CCCCI; muneribus XXXIX; quinariariae CCCLXXXVI; lacubus DXCI, quinariae MCCCXXXV

Es findet sich also eine Gesamtverteilung von 560.720 m3 pro Tag... Von dieser Menge werden 162.520 m3 pro Tag außerhalb der Stadt verteilt, davon entfallen: auf den Kaiser 68.720 m3; auf Privatleute 93.800 m3. Die restlichen 398.200 m3 pro Tag verteilt man innerhalb der Stadt auf 247 Wasserbehälter: davon entfallen auf den Kaiser 68.<280> m3; auf Privatleute 153.880 m3; auf den öffentlichen Bedarf 176.040 m3, nämlich 18 Wasserschlösser mit <15.160> m3, 95 Wasserbauwerke mit 92.040 m3, 39 Wasserkünste mit 15.440 m3 und 591 Brunnenbecken mit 53.400 m3 pro Tag.

(Frontinus, De aquis urbis Romae 78 - Übersetzung M. Hainzmann)

Mittels gemauerter Kanäle und oft aufwendig konstruierter Aquädukte wurde das Wasser zu Sammelbehältern geführt. Insgesamt 14 Aquädukte, die ca. 250 Wasserspeicher füllten, versorgten die Stadt Rom. Die tägliche Wassermenge lässt sich mit ca. 1 Milliarde Litern beziffern. Die Wasserleitungen bedurften der ständigen Wartung, so berichtet auch Augustus in seinem Tatenbericht über Instandsetzungsarbeiten und die Erhöhung der Fördermenge:

> *Rivos aquarum compluribus locis vetustate lebentes refeci et aquam quae Marcia appellatur duplicavi fonte novo in rivum eius inmisso.*
>
> *Die Wasserleitungen, die an zahlreichen Stellen bereits wegen ihres Alters schadhaft geworden waren, ließ ich wiederherstellen, und die Leitung, die die Marcia genannt wird, habe ich auf das doppelte Fassungsvermögen gebracht, indem ich eine neue Quelle zuleiten ließ.*
>
> (Augustus, Res gestae 20 - Übersetzung M. Giebel)

Aus Pompeji wissen wir, dass vom zentralen Wasserbehälter auf dem höchsten Punkt der Stadt Blei- und Bronzeleitungen abzweigten, die teils öffentliche Brunnen versorgten, teils weitere, über das Stadtgebiet verteilte Wassertürme speisten, deren metallene Hochbehälter als Druckausgleich dienten[78]. Ein ausgeklügeltes Verteilungssystem mit angeschlossenen Rohrleitungen, das über Schieber regelbar war, stellte sicher, dass selbst bei niedrigen Wasserständen die öffentlichen Brunnen bis zuletzt versorgt wurden[79]. In antiken Städten waren diese über das Stadtgebiet verteilt, zur Zeit Neros gab es mehr als 100 in Rom. Es handelte sich meist um einfache Becken, die aus Steinblöcken gesetzt und innen mit wasserdichtem Mörtel verkleidet

---

[78] Chr. P. J. Ohlig, De aquis Pompeiorum. Das Castellum Aquae in Pompeji: Herkunft, Zuleitung und Verteilung des Wassers (2001).

[79] Ohlig konnte erstmals nachweisen, dass die Wasserverteilung in Pompeji nicht, wie bisher vermutet, über Verteilerröhren mit unterschiedlichen Höhenniveaus geregelt wurde, sondern dass diese vielmehr auf gleichem Niveau lagen und eine Steuerung ausschließlich über Schieber erfolgte: Ohlig, a. O. 195ff.

VI. Antiker Brandschutz

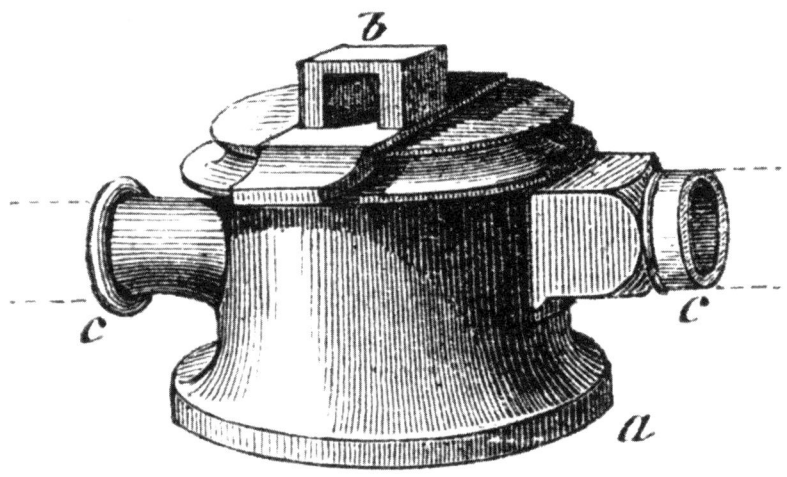

Abb. 31: Pompeji, Wasserhahn aus Metall

waren. Der Wasserzulauf in Form eines Bronzerohres befand sich oberhalb des Fangbeckens. In den Privathäusern und Mietskasernen endeten die Wasserleitungen im Erdgeschoß. Da der Wasserbedarf der domus außerordentlich hoch war, sorgten oft Bleileitungen für eine kontinuierliche Versorgung. Die Insulae waren ohne separate Leitungen oder allenfalls mit Zuleitungen für das Erdgeschoß ausgestattet, die weitere Versorgung erfolgte über Fässer oder Eimer, so dass der Bewohner eines oberen Stockwerks gezwungen war, seinen Wasservorrat mehrmals täglich zu Fuß über das Treppenhaus nach oben zu schleppen. Es gab in den Wohnräumen keine Leitungssysteme, wie wir sie heute kennen. Vereinzelt haben sich in öffentlichen Badeanlagen Bronzearmaturen erhalten, die beweisen, dass der Wasserzufluß über Hähne reguliert werden konnte.

VI.1 Vorbeugende Schutzmassnahmen

Gebäudeschutz

Bei Tacitus findet sich im Zusammenhang mit dem Bericht über den Brand Roms 64 n. Chr. folgende Passage:

...nec communione parietum, sed propriis quaeque muris ambirentur...

... schließlich durften die Gebäude keine gemeinsamen Wände mehr haben, sondern jeweils eigene Mauern ringsum...

(Tacitus, Annalen 15.43 - Übersetzung E. Heller)

Wie bereits geschildert, zeigten seit dem 1. Jahrhundert v. Chr. neue Wohngebäude in Rom die Tendenz, ständig an Höhe zu gewinnen. Schon Augustus sah sich in der *lex Iulia de modo aedificiorum urbis* aufgrund zahlreicher Brände und Einstürze zu einer gesetzlichen Regelung veranlaßt, die die Höhe der Wohnhäuser auf max. 70 Fuß (= 20 m) zu beschränkte[80]. Er hatte zudem veranlasst, dass öffentliche Gebäude mit Brandschutzmauern zu umgeben seien und keine gemeinsame Wand mit Nachbargebäuden haben dürften. Am eindrucksvollsten läßt sich dieser Erlass an der Schutzmauer verifizieren, die das Augustusforum teilweise umgab[81]. Gleich mehrere Charakteristika zeichnen dieses Monument aus. Es ist zum einen die gewaltige Höhe von bis zu 30 m, die den angrenzenden älteren Stadtteilen jede Sicht auf das Augustusforum versperrte, es „wird von der höchsten Mauer abgeschlossen, die je in Rom gebaut wurde"[82]. Plinius war fast geneigt, die Schutzmauer den Weltwundern zuzu-

---

[80] D. Kienast, Augustus - Prinzeps und Monarch (1982) 331 Anm. 77; Vitruv, De architectura 2, 8, 17; 10 praef. 2; Strabo 5, 3, 7; Sueton, Augustus 89, 2.
[81] P. Zanker, Augustus und die Macht der Bilder3 (1997) 160f.
[82] P. Gros - G. Sauron, Das politische Programm der öffentlichen Bauten, in: Kaiser Augustus und die verlorene Politik, 1988, 63.

VI. Antiker Brandschutz

rechnen[83]. Die Mauerstruktur war gleichzeitig bewusst altertümlich gehalten, um eine optische Verbindung zur angrenzenden Subura zu schaffen. Innerhalb der Anlage des Augustusforums war sie so geschickt mit der Umgebung verschmolzen, dass sie in keinster Weise störend wirkte. Und sie setzte ihrerseits ein politisches Signal: der unregelmäßige und scheinbar willkürlich abgetreppte Verlauf scheint in Wahrheit exakt der Grenze des Besitzes des Princeps zu folgen, ohne eines der benachbarten Privatgrundstücke anzutasten. In diesem Zusammenhang berichtet Sueton:

forum angustius fecit non ausus extorquere possessoribus proximas domos.

Er ließ sein Forum kleiner als ursprünglich beabsichtigt bauen, weil er es nicht wagte, die Eigentümer der angrenzenden Häuser zu enteignen.

(Sueton, Augustus 56. 2 - H. Martinet)

Tacitus sieht einen Hauptgrund für die rasche Ausbreitung des Feuers von 64 n. Chr. in der Tatsache, dass es in einem Bezirk ausgebrochen war, der solche Schutzmassnahmen nicht aufwies:

neque enim domus munimentis saeptae vel templa muris cincta aut quid aliud morae interiacebat.

Denn weder durch Brandmauern geschützte Paläste noch mit Mauern umgebene Tempel oder sonst etwas, was die Flammen aufhalten konnte, lag dazwischen.

(Tacitus, Annalen XV 38. 2 - Übersetzung E. Heller)

Er liefert weitere wertvolle Hinweise bezüglich baulicher Maßnahmen zur Verringerung der Feuergefahr, insbesondere zur Verhinderung der

---

[83] Plinius, Nat. hist. 36, 2; H. von Hesberg, Die Veränderung des Erscheinungsbildes der Stadt Rom unter Augustus, in: Kaiser Augustus und die verlorene Politik, 1988, 108.

VI.1 Vorbeugende Schutzmassnahmen

Ausbreitung von Gebäudebränden, die das bezüglich der Gebäudehöhe bereits gesagte ergänzen:

Ceterum urbis quae domui supererant non, ut post Gallica incendia, nulla distinctione nec passim erecta, sed dimensis vicorum ordinibus et latis viarum spatiis cohibitaque aedificiorum altitudine ac patefactis areis additisque porticibus, quae frontem insularum protegerent. eas porticus Nero sua pecunia extructurum purgatasque areas dominis traditurum pollicitus est. addidit praemia pro cuiusque ordine et rei familiaris copiis, finivitque tempus, intra quod effectis domibus aut insulis apiscerentur. ruderi accipiendo Ostienses paludes destinabat, utique naves, quae frumentum Tiberi subvectassent, onustae rudere decurrerent, aedificiaque ipsa certa sui parte sine trabibus saxo Gabino Albanove solidarentur, quod is lapis ignibus impervius est; iam aqua privatorum licentia intercepta quo largior et pluribus locis in publicum flueret, custodes, et subsidia reprimendis ignibus in propatulo quisque haberet; nec communione parietum, sed propriis quaeque muris ambirentur. ea ex utilitate accepta decorem quoque novae urbi attulere. erant tamen qui crederent veterem illam formam salubritati magis conduxisse, quoniam angustiae itinerum et altitudo tectorum non perinde solis vapore perrumperentur: at nunc patulam latitudinem et nulla umbra defensam graviore aestu ardescere.

Die Stadtviertel jedoch, die die Palastanlage übrigließ, wurden nicht, wie nach dem gallischen Brand, ohne jede Besonderheit und planlos bebaut, sondern mit sorgsam ausgemessenen Häuserzeilen und breiten Straßen dazwischen; auch beschränkte man die Höhe der Häuser, ließ Innenhöfe frei und fügte Säulengänge an, die die Vorderseiten der Mietshäuser beschatten sollten. Diese Säulengänge versprach Nero aus eigenen Mitteln zu errichten und die Bauplätze den Besitzern abgeräumt zu übergeben. Auch setzte er Preise entsprechend dem Stand jedes einzelnen und seinen Vermögensverhältnissen aus und begrenzte die Zeit, innerhalb deren sie diese nach Fertigstellung der Paläste oder Mietshäuser erhalten konnten. Für die Aufnahme des Trümmerschutts bestimmte er die Sümpfe bei Ostia; die Schiffe, die das Getreide den Tiber stromauf schafften, sollten mit Schutt beladen zurückkehren: die Gebäude selbst sollten zu einem bestimmten Teil

VI. Antiker Brandschutz

ohne Balken aus gediegenem Gabiner- oder Albanergestein errichtet werden, weil dieser Stein feuerfest ist: ferner wurden, damit das von Privatpersonen nach Gutdünken abgezapfte Wasser um so reichlicher und an mehr Stellen für die Öffentlichkeit fließe, Aufseher bestellt; Geräte zum Feuerlöschen mußte jeder in seinem Vorhof haben; schließlich durften die Gebäude keine gemeinsamen Wände mehr haben, sondern jeweils eigene Mauern ringsum. Diese wegen ihres praktischen Nutzens willkommenen Maßnahmen verschönerten zugleich die neue Stadt. Trotzdem glaubten manche, jene alte Bauweise sei der Gesundheit zuträglicher gewesen, weil die engen Gassen und die hohen Häuser nicht in gleichem Maße die Sonnenhitze eindringen ließen: aber jetzt brüte in den offenen, breiten, durch keinen Schatten geschützten Straßen eine noch drückendere Glut.

(Tacitus, Annalen XV 43ff. - Übersetzung E. Heller)

Die Anweisung, Portiken vor den Gebäuden zu errichten, hatte zum Ziel, deren Flachdächer für die Brandbekämpfung nutzen zu können. Um die zahllosen Obdachlosen möglichst schnell mit Wohnraum zu versorgen, gestattete Nero unter den angeführten Auflagen eine Maximalhöhe der Mietshäuser von 100 Fuß. Aufgrund der Gefahren musste allerdings Trajan im späten 1. Jahrhundert n. Chr. mit einem neuen Gesetz die zulässige Gesamthöhe wieder auf 60 Fuß (= 18 m) reduzieren.

Aber auch von den Bewohnern selbst wurde nun entsprechende Vorsorge erwartet. Von Iulius P. Paulus, dem bedeutenden Juristen des 3. Jh. n. Chr., Vertrauten des Alexander Severus und Berater des unter Caracalla 212 hingerichteten Rechtsgelehrten Papinian, wissen wir, dass er den Kommandanten der Vigiles anwies,

ut aquam unusquisque inquilinus in cenaculo habeat iubetur admonere

„...einen jeden Bewohner eines Zimmers in oberen Stockwerken zu ermahnen, Wasser vorrätig zu haben",

(Digesta III 6, 58 - Übersetzung Verf.)

VI.1 Vorbeugende Schutzmassnahmen

Abb. 32: Rom, Flavisches Amphitheater, Rekonstruktion.

damit ein Brand schon im Anfangsstadium bekämpft werden könne. Im frühen dritten Jahrhundert, zur Zeit des Septimius Severus und Caracalla, zählt Ulpian eine ganze Reihe von Utensilien auf, die in jedem Haus zu Löschzwecken bereitgehalten werden sollten: *...Essig, der zum Feuerlöschen bereitgehalten wird, außerdem Decken, Spritzen, Einreißhaken, Leitern, Matten, Schwämme, Feuereimer und Besen.*

Flucht- und Rettungswege

Es gibt keinerlei Hinweise, die belegen könnten, dass in öffentlichen Gebäuden dieser Thematik Beachtung geschenkt worden wäre. Dennoch lohnt ein Blick auf öffentliche Bauten, in denen sich zu bestimmten Zeiten große Menschenmassen aufhielten. Ein besonders ausgeklügeltes System zur Steuerung der Besucherströme wurde beim

VI. Antiker Brandschutz

Abb. 33: Rom, Flavisches Amphitheater, Innenraum.

Flavischen Amphitheater[84] angewendet. Zunächst einmal hatte die Organisation der Zugänge eine politische bzw. gesellschaftliche Komponente. Nach Paul Zanker dienten die unterschiedlichen Zugangsmöglichkeiten primär einer Sortierung der Besucher, um diese zum ihnen aufgrund ihres gesellschaftlichen Ranges vorbestimmten Sektor zu leiten[85]. Aber sicherlich erlaubte das Gang- und Treppensystem auch ein schnelles Verlassen der Zuschauerränge, sollte sich ein Unglück anbahnen.

Die Errichtung des flavischen Amphitheaters hatte während der Regierungszeit des Vespasian begonnen, unter Titus wurde die Anlage hinsichtlich der Kapazität an Zuschauern ausgebaut. Ein Grund für die Errichtung ist sicherlich in der Tatsache zu finden, dass das erste von T. Statilius Taurus auf dem Marsfeld 29 v. Chr. errichtete und mit einer Arena aus Stein, aber Zuschauertribünen aus Holz ausgestattete

---

[84] A. Hönle - A. Henze, Römische Amphitheater und Stadien (1981) 120ff.
[85] P. Zanker, Augustus und die Macht der Bilder3 (1997) 154ff.

VI.1 Vorbeugende Schutzmassnahmen

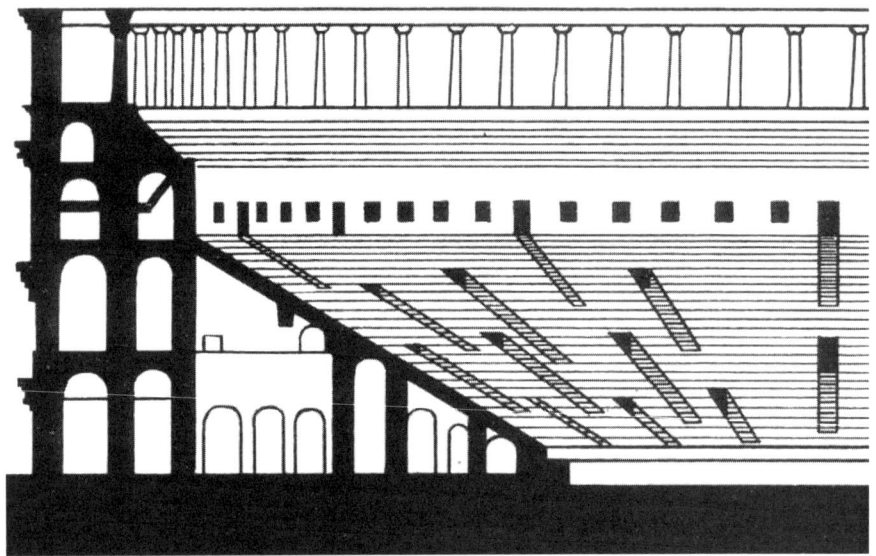

Abb. 34: Rom, Flavisches Amphitheater, Schnitt.

Amphitheater beim Brand des Jahres 64 n. Chr. vernichtet worden war. Kern der neuen Anlage war eine ovale Arena, deren Boden aus Holz bestand. Unter dieser befanden sich Räume und Käfige, ein Aufzugs- und Treppensystem verband beides miteinander. Die Länge des Gebäudes beträgt 189 m, die Breite 156 m. Die Zuschauerränge in Form riesiger Ringtreppen erhoben sich in drei Stockwerken, ein viertes wurde unter Titus aufgesetzt. Eine Ringhalle aus 80 Arkaden mit Pilastern, davor unkannelierten Halbsäulen und Kapitellen in Römischer Ordnung, bildete in drei Geschossen die Außenfassade, bekrönt war sie mit einer geschlossenen und von Fenstern durchbrochener Ringmauer. Die Pfeiler der einzelnen Etagen standen auf dem Niveau der Geschossfussböden, dicke Mauergurte dazwischen schufen einen konstruktiven Ausgleich zu den Decken- und Gewölbezonen der inneren Umgänge. Die Gesamthöhe des Bauwerks betrug somit 57 m. In den Ebenen I bis III, jeweils durch umlaufende Podien getrennt, befanden sich Sitzplätze. Ebene I war von der Arena durch ein Podium abgesetzt. Im vierten Geschoss waren ausschließlich Steh-

VI. Antiker Brandschutz

Abb. 35: Pompeji, Macellum: Haupteingang beim Forum.

plätze vorhanden. Bewegliche Tuchbahnen - *vela* - an Seilführungen ermöglichten einen Schutz der Zuschauer vor direkter Sonneneinstrahlung. Mit der Information „*vela erunt*" wurden Zuschauer bei Ankündigungen von Spielen eigens auf diese besondere Einrichtung hingewiesen. Die Kapazität des Amphitheaters wird auf 50.000 Besucher geschätzt.
Wie gelangten nun die Zuschauer zu den ihnen zugewiesenen Plätzen und nach Abschluss der Vorführungen wieder aus dem Gebäude? Insgesamt 66 der Arkaden im Erdgeschoss, die durchgehend numeriert waren, bildeten die Hauptzugänge des Gebäudes. Sie mündeten in eine mehrschiffige Pfeilerhalle, über dieser liefen je Etage weitere Schiffe um das Gebäude. Weiter in Richtung Gebäudeinneres mündeten diese Schiffe in tonnengewölbte und ebenfalls umlaufende Gänge. Diese wurden von schräg nach unten strahlenförmig in die Cavea führenden Gängen durchschnitten, die die Zuschauerränge in Sektoren unterteilten. Die vier senkrechten Ebenen wurden durch Treppen miteinander verbunden.

VI.1 Vorbeugende Schutzmassnahmen

Abb. 36: Pompeji, Macellum: sekundärer Zugang im Süden.

Unter den zahllosen öffentlichen Gebäuden seien noch zwei weitere herausgegriffen, das Gebäude der Eumachia und das *Macellum*, beide an der Ostseite des Forums von Pompeji gelegen[86]. Die Gebäude sind gekennzeichnet durch architektonisch besonders akzentuierte und damit repräsentative Hauptzugänge an der Seite zum Forum. Beide Hallen weisen aber auch sekundäre Zugänge auf. Beim Gebäude der Eumachia ist dies ein schräg von der Via dell´Abbondanza nach oben ins Gebäudeinnere führender Gang (VII 9, 67). Beim *Macellum* finden sich gleich zwei weitere Zugänge (VII 9, 19; VII 9, 42), die zum einen zur Via degli Augustali verbinden, zum anderen aber in eine blind an der Verbindungsmauer zwischen *Macellum* und dem benachbarten *Sacellum* endende Straße münden. Aufgrund dieser besonderen Situation hat man vermutet, dieser Zugang habe hauptsächlich der Zulieferung der im *Macellum* angebotenen Waren - also vorwiegend

---

[86] Zu beiden Gebäuden: Verf., Die Ostseite des Forums von Pompeji (1997) passim.

VI. Antiker Brandschutz

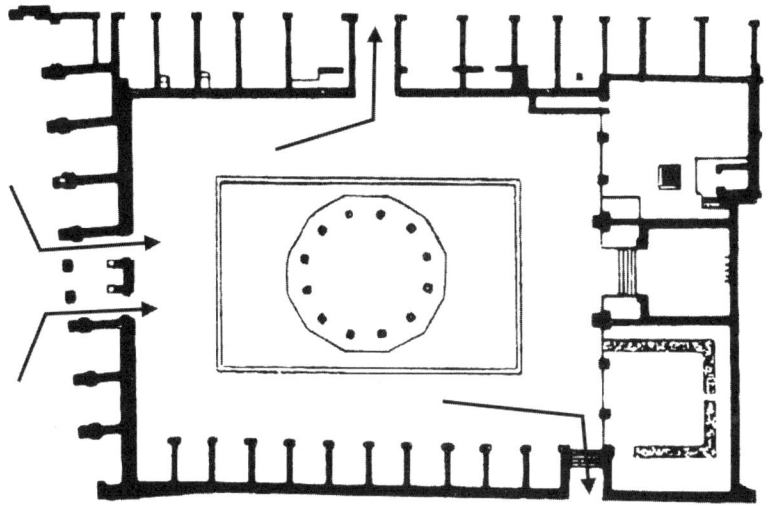

Abb. 37: Pompeji, Plan des Macellums.

Schlachtvieh - gedient. Beide Gebäude konnten also durch mehrere Zugänge betreten und auch verlassen werden.

Hier sei aber nochmals betont, dass sich keinerlei Hinweise finden, die explizit eine Einbeziehung von Sicherheitsaspekten bei der Verteilung der Gebäudezugänge belegen könnten.

VI.2 Staatliche Hilfsmaßnahmen

Die Hilfsmaßnahmen von staatlicher Seite beschränkten sich meist auf finanzielle Unterstützung. Als die Stadt Lugdunum durch einen Brand große Schäden erlitt, stellte der Princeps Geldmittel für den Wiederaufbau zur Verfügung:

cladem Lugdunensem quadragies sestertio solatus est princeps, ut amissa urbi reponerent; quam pecuniam Lugdunenses ante obtulerant urbis casibus

VI.2 Staatliche Hilfsmaßnahmen

Das Unglück der Stadt Lugdunum linderte der Princeps durch eine Zuwendung von vier Millionen Sesterzen, damit man die zerstörten Stadtteile wieder aufbauen konnte; diese Summe hatten die Bewohner von Lugdunum zuvor anläßlich der Katastrophe in Rom zur Verfügung gestellt.

(Tacitus, Annalen XVI 13, 3 - Übersetzung E. Heller)

Aus der Stelle geht zweierlei hervor. Erstens konnten Städte bei Katastrophen durchaus mit Hilfe aus Rom rechnen, andererseits unterstützten die Provinzen offensichtlich die Hauptstadt ebenfalls bei Unglücksfällen. Wie „freiwillig" diese Unterstützung freilich erfolgte, erfahren wir im Zusammenhang mit dem Brand von Rom ebenfalls bei Tacitus:

Interea conferendis pecuniis pervastata Italia, provinciae eversae sociique populi et quae civitatium liberae vocantur

Inzwischen wurden durch das Eintreiben von Geldsummen Italien ausgeplündert und die Provinzen zugrundegerichtet, und zwar die verbündeten Völker und die sogenannten freien Staaten

(Tacitus, Annalen XV 45, 1 - Übersetzung E. Heller)

Lugdunum dürfte also zu den Städten gehört haben, die mit nicht unerheblichem Druck zur Zahlung genötigt wurden.

Nur ganz spärliche Hinweise auf eine Reaktion von staatlicher Seite findet man beim Ausbruch des Vesuv und der Verschüttung von Herkulaneum und Pompeji. Titus erließ einige Maßnahmen, um die Not der Menschen zu lindern, wie dies bei Sueton überliefert ist[87]:

curatores restituendae Campaniae e consularium numero sorte duxit; bona oppressorum in Vesuvio, quorum heredes non extabant, restitutioni afflictarum civitatium attribuit.

---

[87] siehe auch: Cassius Dio 66, 24.

VI. Antiker Brandschutz

Abb. 38: Vespasian, Marmorporträt   *Abb. 39: Titus, Marmorporträt*

Um Kampanien wieder aufzubauen, ließ er aus der Zahl der ehemaligen Konsuln einige als Sonderbeamte auslosen. Die Güter derjenigen, die am Vesuv verschüttet worden waren und für die es keine Erben mehr gab, zog er für den Wiederaufbau der hart betroffenen Gemeinden ein.

(Sueton, Titus 8, 4 - Übersetzung H. Martinet)

Als im Jahre 80 n. Chr. ein Brand drei Tage in Rom wütete, zeigte Titus eine beispiellose Fürsorge für seine Untergebenen:

urbis incendio nihil nisi publice perisse testatus, cuncta praetoriorum suorum ornamenta operibus ac templis destinavit praeposuitque compluris ex equestri ordine, quo quaeque maturius perageretur.

Er rief aus: „Alles, was beim Brand der Stadt zugrunde gegangen ist, waren nur öffentliche Bauten. Alle Kostbarkeiten aus seinen Villen gab er her für

VI.2 Staatliche Hilfsmaßnahmen

Bauwerke und Tempel und übertrug die Leitung mehreren Persönlichkeiten aus dem Ritterstand, damit alle Maßnahmen zügiger vonstatten gingen.

(Sueton, Titus 8, 4 - Übersetzung H. Martinet)

Titus tat also von staatlicher Seite alles, um die entstandenen Schäden insbeondere mittels finanzieller Hilfen zu beseitigen.

Dies scheint aber die Ausnahme gewesen zu sein. Ereilte eine Privatperson - womöglich der unteren Bevölkerungsschichten - ein Schadensfeuer, so endete dies nicht selten mit dem Totalverlust jeglichen Besitzes und dem Absturz in die Mittellosigkeit. Juvenal macht deutlich, wie unterschiedlich die Reaktionen ausfallen, die nach einem Brand erfolgen, wenn der Geschädigte einmal der armen Bürgerschicht, ein anderes mal der reichen Oberschicht angehört:

nil habuit Cordus, quis enim negat? et tamen illud
perdidit infelix totum nihil. ultimus autem
aerumnae cumulus, quod nudum et frustra rogantem
nemo cibo, nemo hospitio tectoque iuvabit:
si magna Asturici cecidit domus, horrida mater,
pullati proceres, differt vadimonia praetor,
tum geminus casus urbis, tunc odimus ignem.
ardet adhuc, et iam accurrit qui mamora donet,
conferat inpensas; hic nuda et candida signa,
hic aliquid praeclarum Euphranoris et Policliti,
haec Asianorum vetera ornamenta deorum,
hic libros dabit et forulos mediamque Minvervam,
hic modium argenti. meliora ac plura reponit
Persicus orborum lautissimus et merito iam
suspectus, tamquam ipse suas incenderit aedes.

Nichts hat Cordus gehabt; wer leugnet es? Aber verloren
 hat sein gänzliches Nichts er, der Arme: Doch mehrt es im höchsten
Grad den Verlust, daß, wenn nun nackt er sich Bissen erbettelt,
keiner mit Speisen ihm hilft oder gastfrei bietet ein Obdach.

VI. Antiker Brandschutz

Fiel der Palast des Asturicus ein, dann trauert die Hausfrau,
gehen die Großen in Schwarz, Termine verschiebt dann der Prätor;
dann nur beweint man der Hauptstadt Ruin, dann haßt man das Feuer;
noch brennt's: Aber es eilt schon jeder, zu schenken den Marmor,
Kosten zu decken; es bringt einer glänzende marmorne Akte,
jener ein kostbares Werk Euphranors und Polykleitos',
die gar schenkt altmodischen Schmuck asiatischer Götter,
der bringt Bücher und Schrein und mitten darunter die Pallas,
dieser den Scheffel mit Geld: Nun baut viel größer und besser
Persicus auf, freigebigster Mann ohne Erben, und steht so
stark im Verdacht, als habe den Brand er selber gestiftet.

(Juvenal, Satiren III 208ff. - Übersetzung E. von Siebold)

VII. Ausstattung und Löschtechnik:

Die straffe militärische Organisation der Vigiles und unsere Kenntnis über den Ausbildungsstand und die Ausrüstung des römischen Heeres lassen den Schluss zu, dass die Feuerwehr Roms gezielt ausgerüstet und ständig trainiert wurde, somit alle damaligen technischen Möglichkeiten zur Brandbekämpfung höchst professionell ausschöpfen konnte. Zunächst gilt es, einen Blick auf die Unterbringung der Vigiles in Kasernen zu werfen. In Rom und Ostia konnten einige Gebäude freigelegt und aufgrund der Inschriften zweifelsfrei identifiziert werden.

VII.1 Unterkünfte

Cohortium Vigilum Stationes in Rom

An der *Via Lata*, gegenüber der *Saepta*, fand sich eine Gebäudekomplex, der aufgrund zahlreicher Inschriften zweifelsfrei als Station der Vigiles identifiziert werden konnte (*cohors I, Regio VI*)[88]. Das Gebäude ist auch auf den Fragmenten der *Forma Urbis* erhalten. Es gliedert sich in drei Teile, jedes von diesen besteht aus einem zentralen Hof, der von einer Portikus umgeben ist, an die sich wiederum eine Reihe kleiner Kammern anschließen. Weitere Stationen befanden sich am Esquilin (*cohors II, Regio V*)[89], Aventin (*cohors IV, Regio XII*)[90] und Caelius (*cohors V, Regio II*)[91]. Möglicherweise lag eine weitere innerhalb der

---

[88] CIL VI 233, 1056, 1092, 1144, 1157, 1180, 1181, 1226.
[89] CIL VI 414, 1059.
[90] CIL VI 219, 220, 643, 1055.
[91] CIL VI 221, 222, 1057, 1058.

VII.1 Unterkünfte

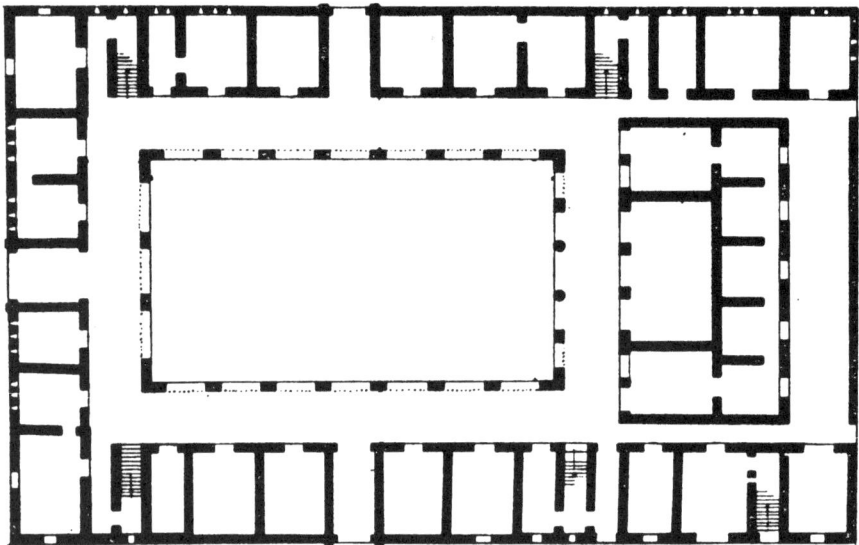

Abb. 40: Ostia, Caserma dei Vigili - Grundriss.

Porta Viminalis, nahe der Ostecke der Diokletiansthermen (*cohors III, Regio VI*). Die *cohors VI* war der *Regio VIII* zugeteilt, schließlich die *cohors VII* der *Regio XIV*. Bei letztgenannten Kohorten konnten keine *stationes* zweifelsfrei nachgewiesen werden. Allerdings konnte eines der *excubitoria* der *cohors VII* teilweise freigelegt werden.

Excubitorium

Es scheint, dass hier ein Privathaus im Laufe des 2. Jh. n. Chr. umfunktioniert worden war. Erhalten sind ein zentraler Hof (Atrium) mit angeschlossenen Kammern. Der Erhaltungszustand war zum Zeitpunkt der Ausgrabung im späten 18. Jh. schon sehr schlecht, dazu folgte eine nur partielle Freilegung. Der Hof war mit einem Mosaikfussboden und einem gemauerten sechseckigen Wasserbecken ausgestattet. Im Süden erweiterte er sich zu einer rechteckigen Nische geringer Tiefe. Wie der Hof war diese mit einem Mosaik mit Tritonen

VII. Ausstattung und Löschtechnik:

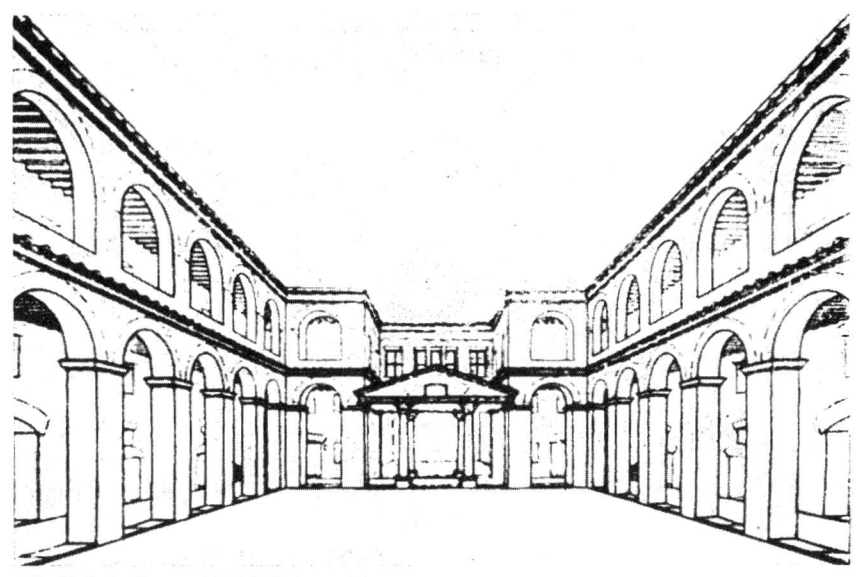

Abb. 41: Ostia, Caserma dei Vigili, Rekonstruktion.

und Hypokampen ausgekleidet. Im Osten führten zwei Zugänge zu mindestens 2 weiteren rechteckigen Kammern. In der NO-Ecke öffnete sich ein Durchgang zu weiteren Räumen, wobei die dort an der Ostseite liegenden Kammern den zuvor beschriebenen der Ostseite des Hofes glichen, während an der Westseite eine große Kammer zu finden war. Von besonderer Bedeutung sind die in dem Gebäude gefundenen Inschriften, die einige Aufschlüsse zur Organisation der hier stationierten Truppe liefern[92].

---

[92] CIL VI 2998 - 3091; R. Sablayrolles, Libertinus miles - Les cohortes de Vigiles (1996) 251ff.

VII.1 Unterkünfte

Caserma dei Vigili in Ostia

In der Caserma dei Vigili in Ostia war seit claudischer Zeit eine Feuerlöschtruppe stationiert[93]. Es handelte sich um eine Legionskohorte, die eigens zu diesem Dienst abkommandiert wurde, also im Gegensatz zu Rom nicht um eine stehende Truppe. Das erhaltene Gebäude stammt aus der Mitte des 2. Jahrhunderts n. Chr., wurde an der Stelle älterer Bauten errichtet, unter anderem wurde eine frühere Thermenanlage überbaut. Die Kaserne nahm den Raum einer ganzen Insula ein und dürfte ca. 600 Mann Unterkunft geboten haben. Ein Hauptzugang und zwei seitliche Eingänge münden in drei die Kaserne flankierende Straßen. Das Gebäude erstreckte sich um einen zentralen Innenhof, der von einer doppelstöckigen Arkade umstanden war. Diese wurde an drei Seiten durch reine Pfeilerreihen gebildet, an der vierten Seite waren anstelle von zwei Pfeilern Säulen eingesetzt. Die Ecken wurden durch L-förmige Pfeiler gebildet, hier fanden sich Wasserreservoirs. An beiden Längs- und der Schmalseite mit dem Hauptzugang erstreckten sich Reihen von einfachen Kammern. Schmale Fensterschlitze an den Außenseiten sorgten für bescheidenes Licht. Die Längsseiten waren in ihrer Raumaufteilung nicht spiegelsymmetrisch angelegt. Insgesamt fünf Treppenhäuser führten ins Obergeschoss und erlaubten ein rasches Ausrücken, sobald Alarm gegeben wurde. Dem Haupteingang lag in der Längsachse des Gebäudes ein Einbau gegenüber, er wird als Tablinum bezeichnet. Drei Zugänge führten zum Hauptraum, zu beiden Seiten und hinter diesem reihten sich symmetrisch weitere Räume auf, die untereinander verbunden waren, über Zugänge zu beiden Seiten des Hauptraumes betreten werden konnten und sich mit Fenstern an ihrer Längsseite auf einen kleinen Hof öffneten. Vor dem Tablinum findet sich ein Mosaik mit der Darstellung eines Stieropfers. Im zentralen Raum wurden Standbilder der Kaiser Antoninus Pius, Lucius Verus, Marc

---

[93] Zur Caserma von Ostia: R. Sablayrolles, Libertinus miles - Les cohortes de Vigiles (1996) 289ff.

VII. Ausstattung und Löschtechnik:

Aurel und Septimius Severus gefunden, es handelte sich demnach um ein *Augusteum*, einen Kultraum für die kaiserliche Familie. Die Räume daneben und dahinter dürften die Verwaltung beherbergt haben. In der NO-Ecke befand sich eine Latrine. Die in allen Räumen gefundenen Graffiti bestätigen vorwiegend, dass die Mitglieder der Truppe jeweils die ihnen zustehende Ration Getreide erhalten haben.

Die architektonischen Befunde aus Rom und Ostia zeigen, dass die Unterkünfte der Vigiles spezifisch auf den Verwendungszweck zugeschnittene Gebäude waren, die ganz bestimmte Bedingungen zu erfüllen hatten[94]: eine hohe Aufnahmekapazität und eine sehr übersichtliche Anordnung der Räume zeichnen sie aus. Die Unterkünfte waren um einen großen Hof gruppiert, ein Raum für den Kaiserkult gehörte ebenfalls zur Ausstattung. Nun wäre es verfehlt, dies in Verbindung sehen zu wollen mit der modernen Auffassung von der Notwendigkeit raschen Ausrückens nach einer Alarmierung. Vielmehr entsprang die Gestaltung der Gebäude der militärähnlichen Organisation der Vigiles und der daraus resultierenden Notwendigkeit, eine hohe Anzahl gleichrangiger Männer adäquat unterzubringen.

VII.2 Löschgeräte

In einem Brief an den Kaiser Trajan, der von 98 - 117 n. Chr. regierte, schilderte sein Statthalter Plinius folgendes Unglück:

> *Cum diversam partem provinciae circumirem, Nicomediae vastissimum incendium multas privatorum domos et duo publica opera quamquam via interiacente, Gerusian et Iseon, absumpsit. est autem latius z sparsum primum violentia venti, deinde inertia hominum, quos satis constat otiosos et immobiles tanti mali spectatores perstitisse. et alioqui nullus usquam in*

---

[94] R Sablayrolles, Libertinus miles - Les cohortes de Vigiles (1996) 311.

VII.2 Löschgeräte

publico sipo, nulla hama, nullum denique instrumentum ad incendia compescenda. et haec quidem, ut iam praecepi, parabuntur.

Während ich einen entlegenen Teil meiner Provinz bereiste, hat in Nicomedia eine ausgedehnte Feuersbrunst viele Privathäuser und auch zwei öffentliche Gebäude, die Gerusie und das Iseon, niedergelegt, obwohl eine Straße dazwischenlag. Das Feuer hat sich aber so weit ausgebreitet, einmal infolge des starken Windes, sodann auch dank der Trägheit der Bevölkerung, die offenbar untätig und ohne sich zu rühren dabeistand und der Katastrophe zu-schaute. Überdies gab es nirgends in der Stadt eine Feuerspritze, keinen Feuereimer, überhaupt kein Gerät zur Eindämmung des Feuers. Aber diese Dinge werden, wie ich bereits angeordnet habe, beschafft werden.

(Plinius, Epist. XXXIII - Übersetzung H. Kasten)

... et subsidia reprimendis ignibus in propatulo quisque haberet...

... Geräte zum Feuerlöschen musste jeder in seinem Vorhof haben...

(Tacitus, Annalen 15, 43 Übersetzung E. Heller)

Die Feuerwehr des antiken Rom setzte eine Vielzahl von Geräten und Werkzeugen ein, die teilweise noch heute üblich sind. Ihren Ursprung hatten diese Geräte in der Kriegstechnik, wo Brechstangen, Sturmleitern und Zughaken schon bei den Griechen zum Einsatz kamen. Die hochstehende Technik wurde von Rom übernommen und im Laufe der Zeit weiterentwickelt[95].

---

[95] Zur Ausstattung allgemein: W. Hornung-Arnegg, Feuerwehrgeschichte 4(1995) passim.

VII. Ausstattung und Löschtechnik:

Schläuche

Auch in der Antike waren Gegenstände bekannt, die dem entsprachen, was wir uns unter dem Begriff „Schlauch" vorstellen. Tatsächlich findet sich ein Hinweis bezüglich der Brandbekämpfung mit Wasserschläuchen. Aristoteles empfahl seinem Schüler Alexander d. Gr. um 350 v. Chr., dazu eben jene Schläuche zu verwenden, wie sie die Taucher zum Atmen unter Wasser benutzen.
Es muss sich um röhrenförmige Gebilde aus Leder gehandelt haben, Aristoteles vergleicht sie mit einem Elefantenrüssel. Erste Hinweise für eine Verwendung von Schläuchen bei der Brandbekämpfung finden sich bei Apollodorus von Damaskus, der unter Trajan und Hadrian tätig war, unter letzterem in Ungnade fiel. Er hatte vor allem Bewunderung für die Konstruktion einer Donaubrücke geerntet, die auf den Reliefs der Trajan-Säule verewigt wurde. Er schlägt vor, Ledersäcke, gefüllt mit Wasser, mit Ochsendärmen zu verbinden und so Wasser an gefährdete Stellen zu leiten.

Essig

Weinessig wurde als extrem kalte Flüssigkeit und damit wahres Wundermittel zum Löschen von Feuern angesehen:

> *Quid aceto frigidius quod culpatum vinum est? Solum enim hoc ex omnibus humoribus crescentem flammam violenter exstinguit dum per frigus suum calorem vincit elementi*
>
> *Was ist kälter als Weinessig? Allein nämlich von allen Flüssigkeiten löscht unerbittlich er die aufschlagende Flamme, indem mit seiner Kälte er die Hitze des Elementes besiegt.*

(Macrobius, Saturnalien VII 12)

VII.2 Löschgeräte

sipho - die Feuerspritze

Die technischen Voraussetzungen, um Wasser unter Druck zu fördern, waren in der Kaiserzeit längst bekannt[96]:

Solemus duabus manibus inter se iunctis aquam concipere et compressa utrimque palma in modum siponis exprimere

Wir pflegen mit beiden aneinandergelegten Handflächen Wasser aufzufangen. Indem wir die Hände zusammendrücken, können wir es dann wie mit einer Pumpe hinauspressen

(Seneca, naturales questiones 2, 16 - Übersetzung M. F. A. Brok)

In der Schifffahrt wurden Kolbenpumpen zum Lenzen verwendet. Mit den beiden 1930/31 geborgenen und im zweiten Weltkrieg zerstörten Prunkschiffen aus dem Nemisee konnte eine immerhin 1,25 m hohe Kolbenpumpe mit 2 Zylindern geborgen werden.

Brunnen mit Fontänen gehörten zum allgemeinen Stadtbild. So stand am Caesar-Forum eine Brunnenanlage mit Wassernymphen, die Ovid mit den folgenden Worten umschreibt:

Subdita qua Veneris facto de marmore templo Appias expressis aëra pulsat aquis

Wo die Appias beim Marmortempel der Venus die Lüfte peitscht mit hervorschießendem Strahle

(Ovid, ars amatoria I 81 - Übersetzung W. Hertzberg)

Martial berichtet ganz beiläufig von einer Vorrichtung, mittels derer er auf seinem kleinen Landgut Wasser fördert:

Est mihi - sitque precor longum te praeside, Caesar - rus minimum, parvi sunt et in urbe lares.

---

[96] Isid., orig. 20, 6, 9; Digesta 33, 7, 12.

VII. Ausstattung und Löschtechnik:

sed de valle brevi quas det sitientibus hortis
curva laboratas antlia tollit aquas:
sicca domus queritur nullo se rore foveri,
cum mihi vicino Marcia fonte sonet.
quam dederis nostris, Auguste, penatibus undam,
Castalis haec nobis aut Iovis imber erit.

Kaiser, ich hab' und mir bleib's mit deinem Schutze noch lange, -
Ein klein Gütchen, ein klein Häuschen dazu in der Stadt.
Aber aus seichtem Tal, das die dürstenden Gärten versorget,
Schöpfet ein leckes Werk Wasser mit Mühe herauf:
Lechzend klaget mein Haus, daß gar kein Tau es erquicke,
Während mir nahe vorbei rauschet der Marzische Quell.
Gäbst du, Augustus, daraus ein wenig meinen Penaten,
Sollt' es die Kastalis, sollt's Jupiters Regen mir sein.

(Martial, Epigramme IX 18 - Übersetzung A. Berg)

Aus einigen Schriftquellen geht hervor, dass speziell zur Brandbekämpfung Wasserbehälter und Pumpen eingesetzt wurden; und dass deren Funktionsweise allgemein bekannt war. Meist dürfte es sich um Wassersäcke mit verengtem Hals gehandelt haben, mit denen das Löschmittel auf das Feuer gespritzt wurde. Die Löschtruppen waren in Gruppen, u. a. Bedienungsmannschaften mit Spritzen, „*siphonarii*" und Wasserträger, die „*aquarii*" eingeteilt.
Allerdings war die technische Entwicklung sehr viel weiter fortgeschritten. Um 250 v. Chr. war eine Art Kolbenpumpe von dem griechischen Ingenieur Ktesibios erfunden worden. Philon von Byzanz, vermutlich ein Schüler des Ktesibios, beschreibt um 200 v. Chr. derartige Kolbenpumpen und die Fertigung der Zylinder.
In der späteren Republik oder frühen Kaiserzeit ist diese von Heron modifiziert worden und war nun vermutlich auch in Rom in Gebrauch. Heron jedenfalls spricht von tragbaren Pumpen, die bei Bränden zum Einsatz kamen. Er spätestens entwickelte das Prinzip der Doppelkolbenpumpe und versah diese mit einem Druckkörper in

VII.2 Löschgeräte

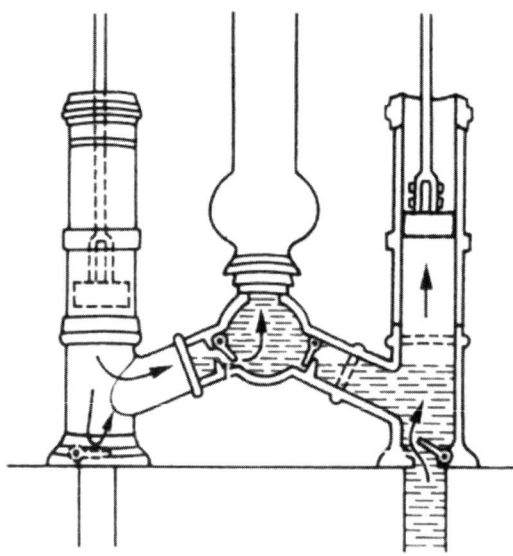

Abb. 42: Römische Kolbenpumpe.

der Mitte. Dieser mündete in einer Düse, die in waagerechter und vertikaler Ebene geschwenkt werden konnte. Reste solcher Pumpen konnten unter anderem in Civitavecchia und Metz gefunden werden. Sie bestanden entweder vollständig aus Bronze oder sie hatten Druckzylinder aus Blei, während die übrigen Teile aus Holz gefertigt waren. Ihre Zylinder arbeiteten wechselweise, konnten Wasser an der Unterseite aus einem Gewässer oder Gefäß bzw. einem eigenen angebauten Tank in Form eines Wasserkastens ansaugen und dank eingebauter Rückschlagventile einen kontinuierlichen Wasserdruck aufbauen, wie bei Vitruv anschaulich beschrieben wird:

1. Insequitur nunc de Ctesibica machina, quae in altitudinem aquam edulcit, monstrare. Ea sit ex aere. Cuius in radicibus modioli fiunt gemelli paulum distantes, habentes fistulas furcillae figura similiter cohaerentes, in medium catinum. concurrentes. In quo catino fiunt asses in superioribus naribus fistularum coagmentatione subtili conlocati, qui 1 praeobturantes foramina narium non patiuntur <redire>, quod spiritu in catinum est expressum. 2.

VII. Ausstattung und Löschtechnik:

Supra catinum paenula ut infundibulum inversum est attemperata et per fibulam 1 cum catino cuneo traiecto continetur, ne vis inflationis aquae eam cogat elevari. Insuper fistula, quae tuba dicitur, coagmentata in altitudine fit erecta. Modioli autem habent infra nares inferiores fistularum asses interpositos supra foramina 1 eorum, quae sunt in fundis. 3. Ita de supernis in modiolis emboli masculi torno politi et oleo subacti conclusique regulis et vectibus conmoliuntur, qui erit aer ibi cum aqua. Assibus obturantibus foramina cogent, extrudent inflando pressionibus per fistularum nares aquam in catinum, e quo recipiens paenula spiritu exprimit per fistulam in altitudinem, et ita ex inferiore loco castello conlocato ad saliendum aqua subministratur.

...Maschine des Ktesibios, die Wasser in die Höhe treibt. An ihrem Fuß werden in geringem Abstand voneinander 2 gleiche Pumpenzylinder angebracht. An diese angeschlossen sind aufsteigende Röhren, die in einen in der Mitte liegenden Druckkessel münden. In diesem Druckkessel sind Ventilklappen eingesetzt, die ein Zurückfließen des eingeströmten Wassers verhindern. Darüber wird eine Steigröhre senkrecht angelötet. Die Pumpenzylinder haben unterhalb der Verbindungsröhren Ventilklappen, die über den am Boden befindlichen Öffnungen befestigt sind. So setzen von oben her mit Öl beschmierte Kolben, die in die Zylinder eingesetzt sind, die Luft mit dem Wasser in Bewegung. Die Kolben stoßen das Wasser in den Druckkessel und treiben es mit Hilfe der komprimierten Luft durch das Steigrohr in die Höhe. So wird aus einer tiefer liegenden Stelle das Wasser für einen hochspringenden Wasserstrahl geliefert.

(Vitruv, de architectura X 7, 19ff. - Übersetzung C. Fensterbusch)

hama - der Feuereimer

Das am häufigsten verwendete Löschgerät. Die Tatsache, dass Plinius in der oben erwähnten Stelle vermerkt, es habe noch nicht einmal einen Feuereimer gegeben, deutet an, dass es sich um ein spezifisches Gefäß gehandelt haben muss. Sonstige Behälter, die für einen pro-

VII.2 Löschgeräte

visorischen Löscheinsatz geeignet gewesen wären, hat es in der Stadt Nicomedia sicher im Überfluss gegeben. Juvenal spottet über einen reichen Bürger Roms, der in beständiger Angst vor einem Feuer lebt:

dispositis praedives amis vigilare cohortem servorum noctu Licinus iubet...

Der schwerreiche Licinus heißt eine Kohorte überall verteilter Sklaven mit Eimern nachts Wache halten...

(Juvenal, Satiren 14, 305f. - Übersetzung J. Adamietz)

Die Eimer konnten aus Leder oder Metall beschaffen sein und glichen heutigen Gefäßen. Außerdem wurden für den Abtransport von Schutt Körbe eingesetzt.

dolabra - das Feuerwehrbeil

Eine Haue mit einem langen Stiel, deren Schneide gegen diesen eine horizontale Lage hatte und auf der entgegengesetzten Seite zugespitzt war, gebraucht zum Einreißen von Mauern und Aufbrechen von Türen, dem modernen Feuerwehrbeil in Form und Funktion durchaus vergleichbar[97].

...sed miles correptis securibus et dolabris, ut si murum perrumperet

...aber die Soldaten griffen zu Beilen und Äxten, wie wenn sie eine Mauer durchbrechen wollten

(Tacitus, Annalen III 46 - Übersetzung E. Heller)

serra - die Säge

tum ferri rigor atque argutae lammina serrae

---

[97] Digesta 33, 7, 12, 18.

VII. Ausstattung und Löschtechnik:

Nun kam das harte Eisen in Gebrauch, auch Blätter der kreischenden Säge...

(Vergil, Georgica I 143 - Übersetzung O. Schönberger)

Bei den Römern waren verschiedenste Formen der Säge in Gebrauch. Neben der profanen Holzsäge, die von zwei Mann im wechselweisen Zug bedient wurde, gab es einhändige kleinere Varianten mit teils grober Schränkung, die in ihrer Form heutigem Werkzeug verblüffend glichen. Für andere Materialien, Stein und Metall vor allem, wurden spezifische Blätter entwickelt. So konnten Marmorsägen, häufig mit Schneiden ohne Zähne, eine Länge von über 4 m bei einer Blattstärke von wenigen Millimetern erreichen. Im Kunsthandwerk, insbesondere der Elfenbeinverarbeitung, kamen feinste Blätter zum Einsatz.

scala - die Leiter

haerent parietibus scalae postisque sub ipsos nituntur gradibus (...)

Leitern streben die Wände empor, selbst hart an den Pfosten klimmt man die Sprossen hinan (...)

(Vergil, Aeneis II 442f. - Übersetzung J. Götte)

Romani, pro ingenio quisque, pars eminus glande aut lapidibus pugnare, alii succedere ac murum modo subfodere modo scalis adgredi, cupere proelium in manibus facere

Bei den Römern kämpft jeder auf seine Weise, ein Teil aus der Ferne mit Bleikugeln oder Steinen, andere rücken ganz heran und untergraben bald die Mauern, bald setzen sie Sturmleitern an und wollen das Gefecht im Nahkampf führen

(Sallust, Bellum Iugurthinum 57, 4 - Übersetzung W. Eisenhut u. J. Lindauer)

VII.2 Löschgeräte

Es wurden herkömmliche Sprossenleitern verwendet, die oftmals zur Imprägnierung und zum Schutz vor dem Feuer mit Alaun getränkt waren[98].

liquidi aluminis vis adstringere, indurare, rodere

Der flüssige Alaun besitzt eine zusammenziehende, verhärtende und beizende Wirkung

(Plinius, Nat. Hist. 35, 185 - Übersetzung R. König u. G. Winkler)

Die feuerhemmende Wirkung des Alaun nutzte schon Archelaos, Feldherr des Mithridates, im Kampf gegen Sulla. Er ließ einen Belagerungsturm mit jenem Mittel tränken und erzielt dadurch vollständigen Schutz der Konstruktion gegen Feuer. Spätestens seit der Zeit des Trajan war eine Art Steckleiter in Gebrauch. Apollodoros von Damaskus jedenfalls nennt eine solche scala romana als Vorrichtung, um zur Angriffsplattform eines zerlegbaren Belagerungsturmes zu klettern.

Aus der Kriegstechnik ist eine Ausziehleiter bekannt, die auf einer Lafette montiert und in Länge und Neigung verstellbar war. Ursprünglich wurde diese von den Griechen entwickelt. Der hellenistische Autor Biton beschreibt um 240 v. Chr. einen 100 Jahre zuvor von Damios aus Kolophon erfundenen Einbaum mit Leitersprossen, genannt Sambyke, der mittels Seilwinden bzw. Spindeln in die Höhe gefahren werden konnte. Auch dieser war auf einem vierrädrigen Unterbau montiert. Es wäre theoretisch möglich gewesen, mittels eines solchen Gerätes Menschen aus höheren Stockwerken zu retten. Allerdings gibt es keine diesbezüglichen Quellen.

Philon erwähnt in seinen Schriften eine spezifische Leiterkonstruktion, bei der die Sprossen offensichtlich aus schlauchförmigen, aufblasbaren Tierhäuten bestanden. Schließlich wissen wir aus Berich-

---

[98] Digesta 33, 7, 12, 18.

VII. Ausstattung und Löschtechnik:

ten über den Sklavenaufstand des Spartacus, dass jener mit seinen Gefolgsleuten durch eine Kriegslist die Belagerung der römischen Truppen durchbrechen konnte[99]: „*Aber die Spitze des Hügels war mit wildem Wein dicht bewachsen. Von diesem schnitten die Belagerten geeignete Ranken ab und flochten diese zu tragfähigen Leitern von solcher Stärke und Länge, dass diese, sobald sie am Gipfel verankert wurden, entlang der Felsen bis zum Talgrund reichten...*".
Strickleitern scheinen also ebenfalls nicht unbekannt gewesen zu sein, wenn auch hier von einer Improvisation die Rede ist.

Seile und Leinen

Über die Verwendung von Seilen geben einige antike Quellen eher beiläufig Aufschluss:

hic, dum sublimis versus ructatur et errat,
si veluti merulis intentus decidit auceps
in puteum foveamvve, licet `succurrite´ longum
clamet, `io cives´, non sit tollere curet.
si curet quis opem ferre et demittere funem,
`qui scis, an prudens huc se proiecit atque
servare nolit?´(...)

Wenn er erhobenen Hauptes dann Verse herausrülpst und wie ein Vogelsteller, auf Amseln erpicht, hin und her läuft, passiert es, daß in ein Loch oder gar in den Brunnen er fällt. Mag es weithin nunmehr auch schallen: Zu Hilfe, ihr Leute!: Es naht ihm kein Retter. Findet sich wirklich noch einer bereit, mit dem Seil ihn zu retten, werde ich sagen: Woher willst du wissen, ob der nicht mit Absicht stürzte hinab und auf Hilfe verzichtet?

(Horaz, De arte poetica 457ff. - Übersetzung W. Ritschel)

---

[99] Plutarch, Crassus IX 2 - Übersetzung Verf..

VII.2 Löschgeräte

Atque erit opposita ianua fulta sera,
At tu per praeceps tecto delabere aperto:
Det quoque furtivas alta fenestra vias.
Ist mit Riegel und Schloß feindlich die Türe versperrt:
Gleite du jäh hinab am Seil durch die Luken des Daches,
Oder auf heimlichem Pfad klimme zum Fenster hinan.

(Ovid, Ars amatoria)2, 245ff.

iamne tibi exciderant vigilacis furta Suburae
et mea nocturnis trita fenestra dolis,
per quam demisso quotiens tibi fune pependi
alterna veniens in tua colla manu?

Hast Du die heimlichen Abenteuer in der Subura vergessen, wo man die ganze Nacht nicht zur Ruhe geht? Mein Fenster vergessen, das nachts verstohlen oft benützt worden ist? Wie manches Mal ließ ich daraus ein Seil zu dir hinab, klammerte mich dran und kletterte Hand über Hand in deine Arme?

(Properz, Elegien IV, 7. 15ff. - G. Luck)

centones - Filzdecken:

Man muß sich diese wohl teilweise auch wie Feuerpatschen vorstellen, also als kleinen Lappen und mit einem Stiel versehen. Zum Schutz vor den Flammen und zur Erhöhung der Löschwirkung tränkte man diese mit Wasser oder Essig. Zum Einsatz kamen zudem Schwämme. Größere Stoffbahnen wurden ebenfalls mit Wasser angefeuchtet und dann auf den Dächern benachbarter Gebäude ausgebreitet, um ein Übergreifen der Flammen zu verhindern.

pertica - der Einreißhaken

Eine lange Holzstange mit Metallhaken an einem Ende, die zum Niederreißen von Mauern verwendet wurde.

VII. Ausstattung und Löschtechnik:

VII.3 Gefahren beim Löscheinsatz

(...) ignis edax summa ad fastigia vento
volvitur. exsuperant flammae, furit aestus ad auras.

(...) windgepeitscht wälzt hoch zum Giebel empor sich fressend Feuer, die
Flamme frohlockt, Glut rast in die Lüfte

(Vergil, Aeneis II 758f. - Übersetzung J. Götte)

Es mag banal klingen, aber Schadensfeuer in der Antike hatten natürlich die gleiche Temperaturkurve wie Brände der heutigen Zeit. Die Strahlungshitze eines in Vollbrand stehenden antiken Gebäudes war genauso hoch wie heute. Die Räume eines antiken Gebäudes füllten sich ebenso wie heute schnell mit dichtem Rauch. Brennende Textilien und anderes Inventar ergaben auch damals ein toxisches Gemisch an Gasen. Sicherlich waren die Auswirkungen eines Brandes oftmals gravierender als heute, da auf eine feuerhemmende Bauweise nur bedingt geachtet wurde. Die Vigiles von Rom hatten demnach mit den gleichen Auswirkungen eines Feuers zu kämpfen, die auch heute zu beobachten sind, dies jedoch mit ungleich schlechteren Mitteln. Wie bereits vermerkt, bestanden Deckengebälke, Dachstühle und Treppen (außer den ersten 3 Stufen, die durch einen gemauerten Sockel gebildet wurden) aus massiven Holzbalken. Bei einem Feuer brachen diese Gebäudeteile innerhalb kürzester Zeit zusammen, unweigerlich bildeten sich Risse in Außenmauern und tragenden Wände, die zu deren Einsturz führten. Die eng stehenden Häuser und die Holzkonstruktionen ermöglichten eine rasche Ausbreitung des Brandes, es war unmöglich, ein Übergreifen der Flammen auf Nachbargebäude zu verhindern. Hatten die Brände ein bestimmtes Ausmaß erreicht, war eine Bekämpfung praktisch ausgeschlossen. Dies geht auch indirekt aus einer packenden Szene in der *Medea* des Seneca und der nicht minder dramatischen - wenn auch altertümlichen - Übersetzung hervor:

VII.3 Gefahren beim Löscheinsatz

Nuntius:
et ipse miror vixque iam facto malo
potuisse fieri credo.
Chorus:
quis cladis modus?
Nuntius:
vidus per omnem regiae partem furit
ut iussus ignis: iam domus tota occidit,
urbi timetur.
Chorus:
unda flammas opprimat.
Nuntius:
et hoc in ista clade mirandum accidit:
alit unda flammas, quoque prohibetur magis,
magis ardet ignis: ipsa praesidia occupat.

BOTHE.
Noch staun' ich selbst, und ob ich's wirklich sah
Das Unglück, halt' ich's für unmöglich itzt noch.
CHOR.
Sprich, wie begab es sich?
BOTHE.
Ein fressend Feuer,
Als wär's von einer höhern Macht gesandt,
Ergriff mit Wuth die ganze Königsburg.
Darnieder liegt der Bau, nun droht's der Stadt.
CHOR.
Bringt löschend Wasser schnell herbey!
BOTHE.
Umsonst.
Ein Wunder ist's zu schau'n, wie selbst die Wasser
Die Flammen schüren; und je mehr man sie
Zu hemmen sucht, je stärker lodern sie.

VII. Ausstattung und Löschtechnik:

*Auch alle Rettungsmittel sind vergeblich,
Sie nähren nur die Brunst.*

(Seneca, Medea 885ff. - Übersetzung W. A. Swoboda)

Diverse brandtechnische Probleme dürften insbesondere bei öffentlichen Gebäuden aufgetreten sein. Auch hier bestanden wichtige Teile wie Tore und der Dachstuhl aus Holzkonstruktionen. Marmor hat die Eigenschaft, unter Feuereinwirkung zu Gips zu zerfallen, damit ging ein vollständiger Verlust der Tragfähigkeit einher. Außerdem war es üblich, Säulen und Steinquader mit Metallklammern zu fixieren. Bei Bränden wurden diese Verbindungen instabil, ganze Säulenreihen mit tonnenschweren Teilen aus massivem Stein stürzten zusammen.

Wie gefährlich die Tätigkeit der Vigiles war, lässt sich aus Grabinschriften ersehen. Aus einer Zusammenstellung von 31 solcher Zeugnisse schließt der schon mehrfach zitierte Sablayrolles, dass nur 4 Vigiles das reguläre Dienstende erlebten, während 27 während ihres Dienstes ums Leben kamen, dies entspricht einer Quote von 87%. Noch schlimmer ist, dass von diesen 18 in einem Alter unter 30 Jahren starben[100].

---

[100] R. Sablayrolles, Libertinus miles - Les cohortes de Vigiles (1996) 345ff.

VII.4 Löschtechnik

sed non idcirco flammae atque incendia viris
idomitas posuere; udo sub robore vivit
stuppa vomens tardum fumum, lentusque carinas
est vapor et toto descendit corpore pestis,
nec vires heroum infusaque flumina prosunt.

Aber deswegen verloren die züngelnden Flammen nicht ihre hemmungslos rasende Kraft. Im feuchten Eichenholz steckte Werg und entsandte schwelend den Rauch, und über den Schiffskiel schlich sich der Qualm, bald erlag der gesamte Schiffsrumpf dem Unheil. Kraftvoller Einsatz von Helden und Ströme von Wasser erreichten gar nichts.

(Vergil, Aeneis V 680ff. - Übersetzung D. Ebener)

Um die damaligen Kenntnisse der Menschen über das Feuer zu erschließen, lohnt sich eine Durchsicht antiker Quellen. Nicht so sehr naturwissenschaftliche Schriften bieten interessante Hinweise als vielmehr in der Dichtung verstreut zu findende Bemerkungen, meist an Stellen, wo das Phänomen der Liebe mit dem Phänomen Feuer verglichen wird:

Dum novus est, potius coepto pugnemus amori! Flamma recens parva sparsa resedit aqua

Laß uns lieber die Glut, solange sie neu ist, bekämpfen! Keimende Flammen besiegt weniges Wasser schon oft

(Ovid, Heroides XVI 189f. - Übersetzung E. F. Mezger)

VII. Ausstattung und Löschtechnik:

veluti seges arida, flamma arserunt crines

Rasch wie trockene Saat, vom reißenden Feuer ergriffen, stand in Flammen das Haar

(Ovid, Metamorphosen XII, 274f. - Übersetzung N. Holzberg)

Aut nova, si possis, sedare incendia temptes aut ubi per vires procubuere suas

Entweder such, wenn du kannst, den Brand, wenn er ausbricht, zu löschen, oder sobald seine Kraft niedergeworfen ihn hat

(Ovid, Remedia amoris 117f. - Übersetzung N. Holzberg.)

Saevaque diducto stipite flamma perit

Wütendes Feuer erstirbt, wenn man die Brände zerteilt

(Ovid, Remedia amoris 446 - Übersetzung W. Hertzberg)

Nutritur vento, vento restinguitur ignis; Lenis alit flammas, grandior aura necat

Wind vermehrt und Wind erstickt auch wieder die Flamme, Sanftere Luft entflammt, stärkere tötet den Brand

(Ovid, Remedia amoris 807f. - Übersetzung W. Holtzberg)

Nam tua res agitur, paries cum proximus ardet, et neglecta solent incendia sumere vires

VII.4 Löschtechnik

Geht's doch um deinen Besitz, wenn das Nachbarhaus brennt, und die Flammen pflegen an Kräften zu wachsen, falls man versäumt, sie zu löschen

(Horaz, Briefe I, 18, 84f. - Übersetzung M. Simon)

Entstehende Brände wurden mit Hilfe von feuchten Filzdecken bzw. Feuerpatschen eingedämmt. Die Löschmannschaften waren, wie schon beschrieben, in Spritzentrupps, die „*Siphonarii*" und Wasserträger, die „*aquarii*" eingeteilt[101]. Sie bildeten lange Eimerketten von der nächsten Wasserentnahmestellen zur Brandstelle und versuchten, das Feuer zu löschen. Dazu kamen centonarii, deren Ausrüstung aus den bereits erwähnten Löschdecken und Feuerpatschen bestand. Für die Ausleuchtung der Einsatzstelle waren die „*sebaciarii*" zuständig[102]. Zu jeder Truppe gehörte außerdem ein Hornist, der gemeinsam mit seinen Kollegen die Aktionen der Löschmannschaften koordinierte und Befehle weitergab.

Zur Förderung des Wassers wurden Pumpen und auch Feuerspritzen verwendet. Deren Förderkraft und Reichweite sowie die genauen Einsatzmöglichkeiten sind nur bedingt rekonstruierbar, es gibt keine eindeutigen Quellen. Überdies ist keine Nachricht erhalten, aus der geschlossen werden könnte, dass an die Pumpen eine Art Schlauch angeschlossen wurde.

Blieben die Löschversuche erfolglos oder drohte ein Brand außer Kontrolle zu geraten, so legte man Brandschneisen an, indem Nachbargebäude evakuiert und dann abgerissen wurden. So konnte auch der Brand Roms unter Nero nach 6 Tagen eingedämmt werden, wie Tacitus berichtet:

Sexto demum die apud imas Esquilias finis incendio factus, prorutis per inmensum aedificiis, ut continuae violentiae campus et velut vacuum caelum occurreret.

---

[101] CIL VI, 2994.
[102] CIL VI, 2998ff.

VII. Ausstattung und Löschtechnik:

Abb. 43: Rom, Relief mit Darstellung eines Krans.

Dem Feuer wurde dadurch ein Ende gesetzt, dass man auf weite Strecken die Gebäude niedergerissen hatte, damit der unaufhaltsamen Gewalt des Feuers eine riesige Schneise entgegenwirke".

(Tacitus, Annalen XV, 40, 1 - Übersetzung E. Heller)

Vom gleichen Bericht wissen wir, dass dazu auch Kriegsmaschinen eingesetzt werden konnten, deren Arbeitsweise der von Rammböcken oder heutigen Abrissbirnen vergleichbar waren:

... et quaedam horrea circa domum Auream, quorum spatium maxime desiderabat, ut bellicis machinis labefacta atque inflammata sint, quod saxeo muro constructa erant.

Einige Speicher in der Gegend seines Goldenen Hauses, auf deren Baugrund er ganz besonders spekuliert hatte, wurden mit Kriegsgerät zum Einsturz

VII.4 Löschtechnik

gebracht und dann erst in Brand gesetzt, denn ihr Mauerwerk bestand aus Stein.

(Sueton, Nero 38, 1 - Übersetzung H. Martinet)

Der Abriss von Gebäuden war eine logische Folge von größeren Bränden. Dies hatte zuweilen durchaus auch einen positiven Effekt. Oft wurden gleichzeitig benachtbarte, nicht primär geschädigte Gebäude abgetragen, dann erfolgte ein Neuaufbau.
Die positiven Veränderungen nach dem Brand Roms wurden ja bereits geschildert[103].

Eine Szene bei Apuleius mit allerdings sehr freier Übersetzung vermittelt schließlich einen Eindruck davon, wie die Alarmierung im Falle eines Brandes funktionierte:

... gurgustioli sui tectum ascendit atque inde contentissima voce clamitans rogansque vicinos et unum quemque proprio nomine ciens et salutis communis admonens diffamat incendio repentino domum suam possideri. sic unus quisque proximi periculi confinio territus suppetiatum decurrunt anxii

...und somit im Hui auf den Boden seiner Hütte hinauf, und von da aus vollem Halse, als ob er am Spieße stecke, in die Gasse hinuntergeschrien: ‚Feuer! Diebe! Diebe! Feuer!' Einen jeden seiner Nachbarn bei Namen gerufen und nicht anders getan, als brennte sein Haus schon heller lichter Lohe, und als würden den Augenblick auch die ihrigen von der Flamme ergriffen werden, wenn sie nicht flugs zur Hilfe kämen. Erschrocken über die nahe Gefahr, eilten alle ängstlich herbei

(Apuleius, Der goldene Esel IV, 10, 4f. - Übersetzung A. Rode)

---

[103] s. o. S. 142f.; siehe auch: R. Sablayrolles, Libertinus miles - Les cohortes de Vigiles (1996) 422ff.

VII. Ausstattung und Löschtechnik:

Über den Fehlalarm beim Gastmahl des Trimalchio und das Eindringen durch die Vigiles ins Haus und deren prophylaktisches Löschen wurde bereits weiter oben berichtet[104].

---

[104] s. o. S. 56.

VIII. Anmerkungen zu den zitierten Quellen

Die folgenden Anmerkungen sind als Orientierungshilfe vornehmlich für denjenigen Leser zu verstehen, der nicht ein Studium der Klassischen Philologie absolviert hat. Zwangsläufig werden daher die besprochenen Autoren nur ganz kursorisch behandelt. In der Studie zur Feuerwehr des kaiserzeitlichen Rom kamen zahlreiche antike Autoren zu Wort. Im abschließenden Kapitel gilt es nun, einen kritischen Blick auf die zitierten Werke zu werfen. Zu groß ist nämlich die Versuchung, Quellen der römischen Kaiserzeit - insbesondere die der Satiriker - als authentische Zeitzeugen zu bemühen, um Aussagen zum Leben in der Antike zu treffen. So hat auch die vorliegende Studie an vielen Stellen Passagen antiker Werke präsentiert, ohne diese entsprechend textkritisch zu behandeln. Es würde jedoch den Lesefluß empfindlich stören, käme mit jeder Quelle sozusagen eine Warnung daher.

Bei der Arbeit mit antiker Literatur greifen wir gerne zu zweisprachigen Ausgaben und ziehen zunächst die Übersetzung heran, um anhand dieser Textstelle die Informationen herauszufiltern, die eine bestimmte Aussage untermauern bzw. illustrieren sollen. Hierin verbirgt sich eine gewisse Gefahr. Übersetzung heißt immer auch Interpretation, und die - durchaus legitimen - Variationsmöglichkeiten, die sich aus jeder Stelle ergeben, können schnell zu einer Überbewertung einer Aussage führen, die so im lateinischen Original gar nicht existent ist. Als Beispiel sei hier auf die schon zitierte Stelle bei Petronius verwiesen[105]: „*oro te*" inquit *Echion centonarius* „*melius loquere*". K. Müller und W. Ehlers übersetzen die Stelle mit „Sei so gut", sagte Echion, ein Fabrikant von Feuerwehrrequisiten, „laß die Unkerei". V. Ebersbach übersetzt dieselbe Stelle so: „Ich bitte dich", rief Echion, ein Lumpen-

---

[105] Petronius, Satyricon 45, 1.

händler, „Erzähle was Gescheiteres". Beide Stellen sind richtig übertragen, jedoch nur im ersten Fall verbirgt sich darin eine für die vorliegende Studie relevante Information.

Eine nicht unerhebliche Rolle spielen auch die Variationen in der Textüberlieferung. Der Text Petrons beispielsweise ist - wie fast alle antiken Schriften - in zahllosen, zum Teil sehr fragmentarischen Quellen überliefert, die sich bei diesem Werk in vier Klassen einteilen lassen. Betrachten wir eine Stelle, aus der zwei Varianten deutlich werden, in der Form, wie sie überliefert ist[106]: *„ferrum optimum daturus est, sine fuga, carnarium in medio, ut ampliteatur videat"*. Bücheler hat in seiner Textedition aus dem Jahre 1862 vorgeschlagen, statt des sinnlosen *„ampliteatur"* den bekannten Begriff *„amphitheater"* zu setzen. In der dritten Auflage seiner Übersetzung aus dem Jahr 1882 liest er schließlich *„amphitheatrum"*. Diese Lesart verbessert nochmals die Grammatik, ändert aber nichts am Sinn der Stelle. Erst durch diese notwendige Konjektur wird die Quelle berichtigt und als ein Beleg für die Thematik „Amphitheater" nutzbar.

Ein Abgleich zwischen Originaltext, dessen Variationen und den Übersetzungen ist also unbedingt anzuraten. Daher wurde auch in vorliegender Studie jede Quelle in lateinischer und deutscher Sprache vorgestellt. So vermag sich der Philologe selbst von der Glaubwürdigkeit der zitierten Stellen überzeugen.

Wenn wir den Bericht des Tacitus zum Brand Roms im Jahre 64 n. Chr. lesen, so beeindruckt uns die klare und scheinbar neutrale Schilderung. Dies darf jedoch nicht darüber hinwegtäuschen, dass er vor einem spezifischen historischen Hintergrund agiert. Er selbst gibt an zwei Stellen Aufschluß über sich und sein Werk: Verpflichtet er sich zunächst zu einer neutralen Berichterstattung - *„Inde consilium mihi (...) tradere (...) sine ira et studio, quorum causas procul habeo"* (Deshalb [ist es] meine Absicht, [über die Principes Augustus bis Nero] zu berichten, ohne Erbitterung und Parteilichkeit, wofür mir jeglicher Grund fern

---

[106] Petronius, Satyricon 45, 6.

VIII. Anmerkungen zu den zitierten Quellen

liegt)[107], macht er bald auch aus seiner Abneigung gegen bestimmte Zeitabschnitte und deren Sittenverfall keinen Hehl - „... *quod praecipuum munus annalium reor, ne virtutes sileantur utque pravis dictis factisque ex posteritate et infamia metus sit*" (...weil ich es für die vornehmliche Aufgabe der Geschichtsschreibung halte, dafür zu sorgen, dass tüchtige Leistungen nicht verschwiegen werden und andererseits Bosheit in Wort und Tat sich vor der Schande der Nachwelt fürchten muss)[108]. Im folgenden spricht er von vergifteten (*infecta*) Zeiten und schmutzigem Kriechertum (*adulatione sordida*). Geschichtsschreibung war für römische Autoren immer auch ein Mittel, um politische, militärische und kulturelle Aktivitäten zu illustrieren, letztendlich ein Instrument politischen Wirkens in eine bestimmte Richtung. Dabei fällt auf, dass Rom stets das Zentrum bleibt, auf das alle historischen Vorgänge bezogen werden. Bei Tacitus tritt hierzu besonders ein ihm eigenes Verständnis von Moral in einer idealisierenden Form. Abweichungen von diesen vielfach als kollektive Normen empfundenen Regeln menschlichen Verhaltens werden heftig angeprangert. Dies ergibt in seinem Geschichtswerk über weite Strecken einen deutlich pessimistischen Grundton, der scheinbar allzeit erhobene moralische Zeigefinger beeinflusst insbesondere Wertungen historischer Persönlichkeiten und ordnet diese fast schablonenhaft der guten oder schlechten Seite zu. Auffallend ist gerade in der Kaiserzeit eine zunehmende Tendenz zur Personalisierung in der Geschichtsschreibung. Während etwa in Caesars „*de bello Gallico*" zwar einzelne Führer recht ausführlich geschildert, als Person aber diffus bleiben und den übergeordneten Ereignissen gegenüber zurücktreten, konzentriert sich die Historiographie eines Tacitus zunehmend auf Einzelpersonen, bevorzugt den jeweils herrschenden Princeps.

Noch intensiver ist diese Tendenz bei Sueton verwirklicht. Er ordnet alle historischen Ereignisse vollends der Einzelpersönlichkeit unter,

---

[107] Tacitus, Annalen I 1, 3 Übersetzung Verf.
[108] Tacitus, Annalen III 65, 1 - Übersetzung E. Heller.

scheut sich nicht, selbst intimste Details oder körperliche Gebrechen der jeweils besprochenen Person genüsslich auszubreiten. Er läßt dabei häufig eine klare Linie vermissen, je nach Detail, das er gerade mitzuteilen gedenkt, steht die behandelte Person wahlweise in positivem oder negativen Licht. Darunter leidet natürlich die Einschätzung der Seriösität seines Werkes ganz erheblich. Die Philologie tat sich auch entsprechend schwer mit einer objektiven Wertung. Eine Konsultation seiner Kaiserviten als historische Quelle muss mit Vorsicht vorgenommen werden, da er immer dazu neigt, Ereignisse zu überzeichnen oder bei Bedarf wissentlich zu verfälschen. Zudem ist sein Werk zuweilen mit Informationen aus dem Bereich des Aberglaubens durchflochten - bevorzugt bei Geburt oder Tod eines Princeps. Bei der Beschreibung der Familie eines Herrschers werden Linien konstruiert, die mittels mythologischer Versatzstücke eine Abstammung bestimmter Gentes direkt von den Göttern belegen sollen. Er steht damit in einer langen Tradition. „Bis zu den Exzessen annalistischer Verzerrungen der Leistungen einzelner Adelsgeschlechter wurde in den „Taten der Vorfahren" der Führungsanspruch der Aristokratie begründet und historisch untermauert[109]". Freilich reichen selbst fragwürdigste Passagen nicht an die „Qualität" der Kaiserviten in der spätantiken „*Historia Augusta*" heran, wo wir so Erbauliches wie die Erfindung von luftgefüllten Möbeln durch Elagabal ebenso finden wie bewußte Fälschung von Geschichte.

Eine eigene Form der Historiographie stellen die *res gestae divi Augusti* dar, das politische Testament des Augustus in Form einer mehrfach in Stein gemeißelten und am Textende je nach Standort mit individuellen Angaben erweiterten Urkunde. Die scheinbar neutrale Auflistung von staatlichen Massnahmen während der Regierungszeit des Princeps ist ein Rechenschaftsbericht - zur Rechtfertigung der Umwälzung des politischen Systems eines ganzen Staates. Der Tatenbericht zementiert

---

[109] K. Christ, Die Römer (1979) 139.

VIII. Anmerkungen zu den zitierten Quellen

auch den dynastischen Anspruch des Augustus, aus dem sich quasi automatisch die Nachfolgeregelung bis hin zu Nero ergibt.

Zur Zeit des Augustus und Tiberius war der Historiograph Velleius Paterculus tätig. Er entstammte einer in Capua ansässigen ritterlichen Familie und durchlief die für seinen Stand übliche Militärlaufbahn in diversen römischen Provinzen. Zuletzt bekleidete er das Amt eines Praefectus equitum in Germanien, wurde nach seinem Militärdienst in den Senatorenstand aufgenommen und hatte das Amt eines Quästors, anschließend eines Prätors inne. In den späten Jahren der Regierungszeit des Tiberius, vermutlich um 30 n. Chr., verfasste er einen kurzen Abriss der römischen Geschichte, ausgehend von Troja, endend mit dem Prinzipat. In seinem Werk begegnen wir einer Charakteristik, die uns ihn und spätere Autoren wie Martial und Plinius d. J. befremdlich erscheinen lassen: die unverhohlene Schmeichelei in Richtung des jeweils herrschenden Princeps. Gerade Velleius Paterculus geriet angesichts seiner Lobeshymnen an Tiberius in Verdacht, einen unseriösen und unzuverlässigen Stil zu pflegen - bewusst eine Schönung, wenn nicht gar Fälschung der Geschichte zu betreiben. Ein Hauptgrund dürfte in der Tatsache liegen, dass sein Bild des Tiberius überhaupt nicht zu dem passen will, wie es in der Referenz für die Principes schlechthin, den Annalen bzw. Historien des Tacitus, entworfen wurde. Man mag auch leise Zweifel an seiner Art der Geschichtsschilderung bekommen. Die Affäre um Egnatius Rufus stellt sich bei ihm als versuchter Staatsstreich samt geplanter Ermordung des Augustus dar. Merkwürdig ist nur, dass ein solch ungeheuerlicher Vorgang anderweitig praktisch nicht erwähnt wird. Seine Charakterisierung des Rufus aber - *per omnia gladiatori quam senatori propior* - ist gekennzeichnet von einer an Metaphern reichen Sprache, die nur einem Zweck dient: die Verkommenheit der Person zu illustrieren. Übrigens war die mögliche oder tatsächliche Verbindung einer Person mit dem Stand der Gladiatoren offensichtlich so anrüchig, dass auch ein Tacitus dieses negative Attribut einsetzt, um einen von ihm besprochenen Konsul der Provinz Afrika aus der Regierungszeit des

Tiberius negativ charakterisieren zu können [110]. *„De origine Curtii Rufi, quem gladiatore genitum quidam prodidere, neque falsa prompserim et vera exequi pudet* - *Über die Abkunft des Curtius Rufus, der einen Gladiator zum Vater hatte, wie einige überliefert haben, möchte ich nichts Falsches vorbringen, die Wahrheit andererseits genau darzulegen scheue ich mich"*. Er wird dann noch deutlicher, indem er einen Ausspruch des Tiberius zu diesem Herrn und dessen zweifelhafter *vita* zitiert: *„Curtius Rufus videtur mihi ex se natus* - *Curtius Rufus scheint mir von sich selbst abzustammen"*.

Vergil hatte mit seinem Lehrgedicht über die Landwirtschaft, *„Georgica"*, und dem noch bedeutenderen Epos *„Aeneis"* die Politik und die Wertvorstellungen augusteischer Zeit in literarische Form gegossen, wie dies ähnlich nur Horaz mit dem *„Carmen saeculare"* und den Römeroden gelungen war. Vergils Fortführung des trojanischen Sagenkreises und die direkte Anknüpfung an Homers Werk - hier sei beispielsweise an die Schildbeschreibung im 8. Buch erinnert und deren Parallelen zur Beschreibung des Schildes für Achilleus - entsprach in geradezu perfekter Weise dem Zeitgefühl, das von Augustus bewusst gesteuert, wenn nicht gar erzeugt und im Folgenden systematisch ausgebaut worden war. Bei Vergil erscheint Rom als neues Troja, jedoch nicht als dessen Wiederholung oder Kopie, sondern als dessen Fortführung und Weiterentwicklung. So fügt sich die Aeneis in ein politisches Konzept, das selbst architektonisch seinen Ausdruck fand, etwa im monumentalen Augustusforum und hier insbesondere in der Aufstellung der *summi viri*, ebenfalls ein Rückgriff auf vergangene Zeiten. Bezeichnenderweise strahlte die Anlage mit ihrem spezifischen Bildprogramm bis in die Provinzen, das Motiv der *summi viri* findet sich beispielsweise auch im Bereich der Fassade des Gebäudes der Eumachia in Pompeji[111]. Nicht umsonst rühmte sich Augustus in seinem Tatenbericht der Leistung, Rom als Stadt aus Ziegeln zu einer

---

[110] Tacitus, Annales XI 21, 1 - Übersetzung E. Heller.
[111] P. Zanker, Augustus und die Macht der Bilder² (1990) 213ff.; Verf., Die Ostseite des Forums von Pompeji (1997) 288ff.

VIII. Anmerkungen zu den zitierten Quellen

Stadt aus Marmor gewandelt zu haben[112], nun waren die Provinzstädte bestrebt, es der Hauptstadt gleichzutun.
Die zitierte Stelle aus den „*Georgica*" mit ausgeprägt paränetischem Unterton zeigt Vergils virtuose Sprache: Die Pflanze wird zum Opfer der sich heimtückisch anschleichenden Flamme, die deren zu Extremitäten stilisierten Zweige packt, sich schließlich des Wipfels gleich des Haupthaares bemächtigt. Die sorglosen Hirten begehen quasi einen Mord. Die Pflanze erscheint als Lebewesen, wie in der Reliefkunst die Ranken an der *Ara pacis*, dort scheinbar sich individuell ausbreitend und doch einer strengen Ordnung unterworfen. Und auch dort begegnet uns das Motiv des heimtückisch lauernden Feindes - in Form einer Schlange, die ein Nest mit Jungvögeln angreift.
Ein bei Vergil häufiger anzutreffendes Wortpaar zeigt ebenfalls sehr eindrücklich die sprachliche Kunst des Dichters. Es ist die Verbindung von *ignis* und *ater*, zweier Begriffe, deren gegensätzliche Bedeutung eine Kombination eigentlich ausschließt[113]. Auf diese Weise drückt er das Unheilbringende des Feuers aus. Die Drohung Didos bei der Abreise des Aeneas gewinnt so zusätzlich an Wirkung.

Ovid[114], dem Umkreis des Messalla angehörend, hinterläßt mit leicht dahinfließenden Versen den Eindruck eines unbeschwerten Genies, dem alles zufliegt - „ein frivoler Causeur, spielerischer Liebhaber und Geliebter"[115]. Bei ihm werden die Themen „Liebe" und „Erotik" zum Leitmotiv ganzer dichterischer Werke. Führt man sich die spröden Auflistungen der *res gestae divi Augusti* vor Augen, aus denen in jeder Zeile der hohe moralische Anspruch des Begründers eines neuen Zeitalters schimmert, blickt man auf Vergil und dessen Loblied auf Roms moralische Werte und stellt diesem Vermächtnis etwa das

---

[112] Sueton, Augustus 28.
[113] Siehe die zitierten Stellen S. 11 und 12
[114] N. Holzberg, Ovid - Leben und Werk (1997) passim; W. Schubert (Hrsg.), Ovid - Werk und Wirkung: Festgabe für Michael von Albrecht zum 65. Geburtstag (1999 passim, M. von Albrecht, Ovid - Eine Einführung (2003) passim.
[115] K. Christ, Die Römer (1979) 143.

berühmte „*militat omnis amans*" gegenüber - einen fulminanten Seitenhieb auf die römische „*virtus*" - oder die Schlacht zwischen Lapithen und Kentauren aus den Metamorphosen - eine geradezu absurde Kopie wortgewaltiger Schlachtenbeschreibungen des Homer, dessen Sprache noch kurz zuvor durch Vergils Aeneis geadelt wurde -, so kann man sich leicht ausmalen, dass Augustus ab einem gewissen Zeitpunkt solches Schriftgut nicht mehr allzu amüsant fand. Ob Ovids Dichtung - etwa die *ars amatoria* - letztendlich Hauptgrund für seine Verbannung nach Tomi am Schwarzen Meer war, bleibt im Dunkel der Geschichte verborgen. Ovid jedenfalls zeigt sich in den Tristien als gebrochener Mann, der seine Abstrafung als unverhältnismäßig und ungerecht empfindet. In seinen Versen wird das Feuer und insbesondere dessen verzehrende bzw. vernichtende Wirkung herangezogen, um die Liebe und das ihr zuweilen innewohnende Verderben zu illustrieren.

Einen wahren Fundus an Details des täglichen Lebens bieten die Satiren römischer Dichter. Bei Horaz[116] fällt die lebendige Schilderung des Vorfalles in der Küche auf, die auch uns zum Schmunzeln anregt, nicht zuletzt wegen der pointierten Darstellung. So charakterisieren die mageren Täubchen den Geiz des Wirtes, die unterschiedliche Reaktion auf das Feuer gibt Aufschluss über die durchaus egoistischen Standpunkte der Beteiligten, schließlich stellt der Einschub „- welch ein Anblick -" den Erzähler in die Position des amüsierten Beobachters, der aus dem ganzen Vorgang höchsten Unterhaltungswert schöpft und den Leser augenzwinkernd zu seinem Komplizen macht. Horaz, Sohn eines Freigelassenen, hatte ursprünglich auf Seiten der politischen Gegner des Augustus gestanden, es gelang ihm aber in der Folgezeit, als Günstling des Maecenas und damit in großer Nähe zu Augustus stehend, immer ein hohes Mass an Unabhängigkeit zu bewahren.

---

[116] E. Lefèvre, Horaz - Dichter im augusteischen Rom (1993) passim.

VIII. Anmerkungen zu den zitierten Quellen

In vielen Bereichen zeigt sich die Literatur der augusteischen Zeit als Phase des Sichtens, Sammelns und Ordnens[117]. Es erfolgte eine Bestandsaufnahme des historischen Wissens und dessen Konservierung auf dem status quo der Zeit. An erster Stelle ist hier das Geschichtswerk des Livius „Ab *urbe condita*" zu nennen. In diese Phase gehört auch Vitruvs „*De architectura*", in dem ein breites Spektrum technischen Wissens zusammengefasst ist. Charakteristisch für sein Werk ist, dass es häufig keine Mehrfachlösungen nennt oder Empfehlungen ausspricht, sondern als gestrenge Bauvorschrift erscheint. Als Charakteristikum der augusteischen Zeit darf daher der belehrende Unterton verstanden werden, der permanent erhobene Zeigefinger. Vitruvs Beschreibung der Pumpe des Ktesibios allerdings ist eine nüchterne Beschreibung der Einzelteile des Gerätes und physikalischer Vorgänge beim Zusammenspiel von Wasser, Luft und Mechanik - mit den trockenen Worten eines Ingenieurs und ohne jedes unterhaltende Element.

In der Zeit der sogenannten „Silbernen Latinität", dem zweiten Höhepunkt lateinischer Dichtung während der Regierung des Nero - sicherlich initiiert durch dessen offensiv demonstrierte Vorliebe für die griechische Kunst und Kultur -, entstanden Senecas „*Naturales Quaestiones*" und der köstliche Schelmenroman „Satyricon" des Petronius Arbiter. Die „Naturgeschichten", die sich unter anderem intensiv mit dem Phänomen des Erdbebens beschäftigen, stehen in der Tradition naturphilosophischer Untersuchungen hellenistischer und römischer Zeit, hier zu Geografie und Meteorologie. Höchstwahrscheinlich sind die Quaestiones nach Senecas Rückzug aus der Politik im Jahre 62 n. Chr. entstanden. Sie müssen 65 n. Chr., dem Todesjahr, fertiggestellt worden sein. Zwei Thesen ranken sich um die Entstehung des Werkes, beide basieren auf der besonderen politischen Situation jener Zeit. Nach der ersten entstanden die *Quaestiones* in einer Phase, in der Seneca, der sich vor allem nach der Ermordung

---

[117] K. Christ, Die Römer (1979) 144.

von Neros Mutter zunehmend vom Princeps distanziert hatte, mit der Gewissheit leben musste, demnächst von Nero das Todesurteil übermittelt zu bekommen. Sie wären dann sozusagen „im Angesicht des Todes" entstanden und als Ergebnis hektischer Betriebsamkeit zu verstehen. Nach der anderen These gewann Seneca gerade durch den Rückzug aus der Politik eine neue Perspektive und Motivation für seine schriftstellerische Tätigkeit. Er habe demnach fest an eine Zukunft geglaubt. Der Traum vom goldenen Zeitalter nach der Beseitigung Neros wäre die Triebfeder für seine Recherchen gewesen. Die Schrift ist von der Grundauffassung des Stoikers Seneca getragen, dass nur die genaue Kenntnis der Natur und ihrer Phänomene ein sittlich vollkommenes Leben ermöglicht. So finden sich folgerichtig in dem Werk immer wieder Hinweise darauf, wie die Erkenntnisse aus der Physik im alltäglichen Leben von moralischem Nutzen sein und zu sittlicher Vollkommenheit führen können.

Das nur fragmentarisch erhaltene Werk „*Satyricon*" des Petronius Arbiter spielt in der Welt der Neureichen, der Schmarotzer und der Sklaven. Die berühmte Szene mit dem Gastmahl des Trimalchio findet sich neben frivolen Anzüglichkeiten bis hin zu derben sexuellen Schilderungen - all dies ist eingebettet in einen Rahmen mit durchgängig ironischem Grundton.

Die Zeit, in der Apuleius seinen Roman „Der goldene Esel" verfaßte, die Epoche der Adoptivkaiser, ist gekennzeichnet durch eine enge Verflechtung zwischen Literatur und Rhetorik. Der in Madaurus, Numidien, geborene Apuleius, von Hause aus selbst ausgebildeter Rhetor, schildert in seinem Roman die Verwandlung eines Jünglings in einen Esel, in dessen Gestalt er dann zahlreiche skurrile Abenteuer erlebt. Die Metamorphose kann schließlich mit Hilfe der Isis rückgängig gemacht werden. Das Werk ist mit zahlreichen, in sich geschlossenen Geschichten durchsetzt, deren berühmteste die von Amor und Psyche sein dürfte. Die Sprache ist locker, frivol und übermütig, um dann aber in brillante Rhetorik zu wechseln, die in den religiös be-

VIII. Anmerkungen zu den zitierten Quellen

stimmten Passagen zum Isiskult tiefe Gläubigkeit und Ernsthaftigkeit vermittelt.

Martial und Juvenal prangern in ihren Satiren gesellschaftliche Auswüchse ihrer Zeit an: Dekadenz, Emanzipation, Erbschleicherei, Arroganz der politisch führenden Schicht, schließlich die negativen Seiten des Großstadtlebens, auch ganz simple körperliche Defizite (ungleichmäßiger Haarwuchs) oder Gebrechen. Bei Juvenal verkürzt sich die Moral aus den Geschichten leider allzu oft auf ein enttäuschendes „früher war alles besser"[118]. Aber seine Satiren leben von grellen Bildern - es erübrigt sich, an seine Charakterisierung der Messalina zu erinnern -, sprühen vor Ideen und natürlich Übertreibungen, all dies durchsetzt mit gallenbitteren Aussagen und persönlichen Angriffen auf Personen der Zeitgeschichte. Seine Satiren sind in ihrem Lauf meist linear aufgebaut, ein Schlag folgt sozusagen auf den nächsten.

Anders dagegen die Sprache von Martial, dessen literarische Form - das Epigramm - eine solche Strukturierung nicht zuläßt. Er arbeitet mit kurzen pointierten Sätzen, Wortspielen und der überraschenden Wendung am Schluss, Begriffe und deren Gegenteil werden dabei ganz gezielt eingesetzt. Umso irritierender wirkt dabei aber die für uns geradezu penetrante Art, mit der er sich bei Domitian anzubiedern pflegt. Zu seiner Ehrenrettung muss hierzu vermerkt werden, dass ein solches Verhalten aus der spezifischen Lebenssituation zu erklären ist, die Lobeshymnen formelhafte Floskeln sind, das alles also nicht einen authentischen Wesenszug des Martial widerspiegelt. Bei dieser Sichtweise ist es andererseits keineswegs hilfreich, dass er die Humorlosigkeit des Trajan dann doch mit recht düsteren Versen brandmarkt. Bemerkenswert sind auch bei ihm Züge, die eine Rückbesinnung auf alte und damit vermeintlich bessere Zeiten andeuten, etwa in seinem

---

[118] Juvenal, Satiren VI 288ff.

Die Vigiles von Rom

Lob an Domitian, wenn er bemerkt, dass jede Neuerung auch ein Zurückrufen der Vergangenheit darstellt:

Sanctorum nobis miracula reddis avorum
nec pateris, Caesar, saecula cana mori,
cum veteres Latiae ritus renovantur harenae
et pugnat virtus simpliciore manu.
sic priscis servatur honos te praeside templis
et casa tam culto sub Iove numen habet;
sic nova dum condis, revocas, Auguste, priora:
debentur quae sunt quaeque fuere tibi.

Du gibst uns die Wunder der ehrwürdeigen Ahnen zurück
und duldest nicht, Caesar, daß die vergangenen Jahrhunderte sterben,
wenn jetzt die früheren Bräuche der römischen Arena erneuert werden
und die Tapferkeit mit der schlichteren Hand kämpft.
So bleibt auch den uralten Tempeln unter deiner Regierung ihre Würde bewahrt,
und die Hütte behält unter einem Jupiter, der so verehrt wird, ihre sakrale Bedeutung.
So rufst du, Augustus, während du Neues gründest, das Frühere zurück:
Was jetzt ist und was einmal war, beides verdankt man dir.

(Martial, Epigramme VIII 80 - Übersetzung R. Helm)

Beide Autoren, Martial und Juvenal, bereiten mit ihren Schilderungen kurzweiliger, amüsanter Begebenheiten großes Lesevergnügen, gerade weil sie eine gewisse Nähe der Antike zu Situationen des heutigen Lebens suggerieren. Beide jedoch unkritisch als Quellen für historisch oder archäologisch weitreichende Schlussfolgerungen heranzuziehen, wäre nicht nur bedenklich, sondern schlichtweg falsch, hieße, eine Karikatur als authentische Zeichnung zu interpretieren. Wenn etwa Martial mit den Göttern hadert, weil beim Brand eines Anwesens nicht auch gleich der Besitzer, ein offenbar nur mittelmäßiger Dichter,

VIII. Anmerkungen zu den zitierten Quellen

mit verbrannte, so dürfte dies kaum den wahren Wünschen des Satirikers entsprechen:

Pierios vatis Theodori flamma penates
abstulit. hoc Musis et tibi, Phoebe, placet?
o scelus, o magnum facinus crimenque deorum,
non arsit pariter quod domus et dominus

Flammen erlag das pïerische Haus Theodorus' des Dichters.
Billigt ihr, Musen, und du, Phöbus, es, daß das geschah?
O Verbrechen, o Schuld, o großer Frevel der Götter,
Daß mit dem Hause zugleich nicht auch verbrannte der Herr!

(Martial, Epigramme XI 93 - Übersetzung A. Berg)

Eine Beurteilung der literarischen Leistung des Plinius d. J. ist schwierig, muss sie doch im wesentlichen anhand einer sehr spezifischen Form, der des Briefes mit Chiffren und formelhaften Floskeln erfolgen. Allerdings mag man K. Christ auch nicht zustimmen, wenn er äußert, die Briefwechsel und der Panegyricus des Plinius seien „literarisch nicht überzeugend"[119]. Plinius´ Schilderung der Ereignisse beim Vesuvausbruch zeichnet sich durch eine brillante Beschreibung von Details aus, aufgrund ihrer Präzision unschätzbar wertvoll für seismologische Analysen. Aber auch für jeden anderen Leser bleibt die Beschreibung nicht ohne Wirkung. Wohl ein jeder Besucher, der jemals das Forum von Pompeji überquert hat, wird seinen Blick zunächst in Richtung Vesuv und dann unwillkürlich fast senkrecht nach oben richten, um gedanklich in das Geäst der berühmten pinienförmigen Wolke zu blicken, die sich am 24. August 79 n. Chr. mehrere tausend Meter über dem Vesuv auftürmte, um sich anschließend wie

---

[119] K. Christ, Die Römer (1993) 149.

eine Decke über die Stadt zu legen. Während die beiden Briefe an Tacitus von einer sehr persönlichen Note geprägt sind, ist der Briefwechsel mit Trajan formelhaft und einem offiziellen Dokument vergleichbar. Plinius zeigt höchste rhetorische Sorgfalt, die Schreiben dienten späteren Autoren als Vorbild. So bediente sich Quintus Aurelius Symmachus (um 345 - nach 403), in seinen Relationen an die römischen Kaiser exakt der Muster, die durch die Briefe des Plinius an Trajan vorgegeben waren. Sein gleichnamiger Kreis aus Vertretern des senatorischen Adels focht gegen das vordringende Christentum und für eine Wiederbelebung des römischen Glaubens, die Mitglieder mühten sich, das römische Kulturgut, insbesondere die Literatur, zu wahren, indem sie Werke römischer Dichter wie Vergil und Livius neu edierten und so der Nachwelt erhalten konnten.

IX. Anhang

Index

Administration		27
Aedil		50
Agrippa		93
Alarmierung		178
Alaun		168
Alexander Severus		143
Amphitheater		107, 146
Ämter		
-	Aedil	47, 49f.
-	cura aquarum	49
-	cura operum publicorum	49
-	cura viarum	49
-	Praefectus equitum	185
-	praefectus urbi	49
-	Praefectus vigilum	55, 58f.
-	Tresviri nocturni	47
-	Tribun	55
-	vici magistri	51
angiportus		84
Antoninus Pius		158
Appian		131
Apuleius		33, 125, 178, 190
Aquädukt		138
aquarius		163, 176
ara incendii Neronis		21
Ara pacis		187
Atrium		71
Augustus		9, 11, 23, 30, 41, 43f., 46, 48ff., 54, 58, 60ff., 68, 83, 91ff., 114, 138, 140f., 163, 182, 184ff., 188, 192
Aula coperta		97
Aula Traiani		97
Ausstattung der Vigiles		
-	aquarius	163
-	Ausziehleiter	168
-	centones	170
-	dolabra	166
-	Doppelkolbenpumpe	163
-	Einreißhaken	170

-	Feuereimer	165
-	Feuerpatsche	170, 176
-	Feuerspritze	162, 176
-	Feuerwehrbeil	166
-	Filzdecke	170
-	Filzdecken	176
-	Forum Caesaris	162
-	hama	165
-	Kolbenpumpe	163
-	Leiter	167
-	pertica	170
-	Pumpe	176
-	Pumpen	163
-	Rammbock	177
-	Sambyke	168
-	scala romana	168
-	scala	167
-	Schläuche	161
-	sipho	162
-	Steckleiter	168
Ausziehleiter		168
Auxiliareinheit		55
Auxiliareinheiten		54
Balkon		84, 86
basilica Aemilia		95
Basilica Iulia		43, 90
Basilica Porcia		43
Basilika		27
Bauvorschriften		86
Berufsfeuerwehr		51
Berufsverband		68
Blitzschlag		46, 113
Brandbekämpfung		46, 49
Brandkatastrophen		15
Brandschneisen		176
Brandschutzmauer		140
Brandstiftung		57, 125
Brandvorschrift		56
Brandwache		47

197

Anhang

Brunnen	135, 138, 162
Caelius	155
Caesar	27, 48, 183
caldarium	99
Capitolium vetus	43
Capri	83
Capua	185
Caracalla	143f.
Caracallathermen	100
Carrhae	48
Casa del Fauno	27
Caserma dei Vigili	158
Cassius Dio	53
caupona	29
centonarius	181
centones	170
centumviri	90
Christen	128
Civitavecchia	164
cohortes urbanae	49, 55
cohortes vigilum	14
Cohortium Vigilum Stationes	155
collegia	68
Compluvium	71
Crassus	48f.
cura operum publicorum	61
cura	49
Curia	43
cursus	55
Dido	12, 187
Diokletiansthermen	156
Diribitorium	93
dolabra	166
Domitian	21, 45f., 191
Domus Tiberiana	45
domus	71, 85
Doppelkolbenpumpe	163
Egnatius Rufus	50, 185
Eimerketten	176
Einreißhaken	170
Einwohnerzahl	23
Elagabal	184
Epochen	
- Frühe Kaiserzeit	46
- Späte Republik	46, 49
Erdbeben	111, 114f.
Erdgeschoss	84
Erstes Triumvirat	48
Esquilin	155
Etrusker	114
Eumachia	148, 186
excubitoriae	56
excubitorium	156
Fahrverbot	33
familia publica	47
Fauces	72
Feuer	10ff., 17ff., 36, 41ff., 53f., 56, 63, 75, 84, 100f., 105f., 113, 118f., 121, 123ff., 130, 132f., 141, 143f., 153, 158, 160f., 163, 165f., 168, 171ff., 187f.
Feuerbekämpfung	70
Feuereimer	165
Feuerpatsche	170, 176
Feuerspritze	162, 176
Feuerwehr	7, 9ff., 14, 46ff., 53, 57, 60, 68ff., 135, 155, 160, 166, 181
Feuerwehrbeil	166
Fidena	107
Filzdecke	170
Filzdecken	176
Flammen	11ff., 17ff., 45, 57, 105, 114, 119, 122ff., 130, 132f., 141, 170ff., 174ff., 193
Flavisches Amphitheater	145
Flavius Josephus	132
Flavius Sabinus	57
Forum Caesaris	43, 162
Forum des Augustus	
- Mars-Ultor-Tempel	90
Forum des Augustus	90
Forum Romanum	43, 63, 89
Forum	27, 148
frigidarium	99
Frontinus	136
Frühe Kaiserzeit	46
Fußbodenheizung	100
Gärten	27

Anhang

Gebälk	89
Gebäudetypen	
- Basilika	27
- caupona	29
- Diribitorium	93
- domus	71, 85
- Gärten	27
- Hanghaus	83
- Hütte	28
- Insula	28, 48, 71, 83f., 86f., 106
- Privathaus	27
- Säulenhallen	27
- taberna	28, 72, 86
- Tempel	27
- Therme	99
- villa	71, 73
- Wohnhaus	71
gens Iulia	92
Gerätehaus	56
Getreidespenden	30
hama	165
Handwerkergilde	68
Hanghaus	83
Herkulaneum	102, 150
Heron	163
Homer	186f.
Horaz	105, 176, 186, 188
hortus	71
Hütte	28
hypocausis	100
hypocauston	100
Impluvium	71
inquilinus	85
Insula	28, 71, 83f., 86f., 106
insularius	85
Jerusalem	132
Jupitertempel	45
Jurisdiktion	27
Juvenal	11, 34, 37, 42, 106f., 125f., 152f., 166, 190, 192
Kampanien	83, 112
Kandelaber	103
Kapitell	89

Kapitol	45
Karthago	60, 131
Kaserne	158
Kasernen	
- excubitoriae	56
- stationes	56
Kasernen	56
Katastrophe	11
Kentaur	187
Kohorte	54
Kolbenpumpe	163
Kolosseum	
- Flavisches Amphitheater	145
Konstantinopel	60
Kriegsmaschine	177
Ktesibios	163
Lapithen	187
Leiter	167
lex Iulia de modo aedificiorum urbis	140
Livius	25, 188, 194
Löschtechnik	174
Lucius Verus	158
Lyon	60, 149
Macellum Liviae	29
Macellum	148
Maecenas	188
Makedonen	25
Marc Aurel	158
Mars-Ultor-Tempel	90
Marsfeld	44, 145
Martial	11, 30, 37ff., 44f., 87f., 99, 101, 105, 109f., 121f., 162f., 185, 190ff.
Maxentius	46
Mercati Traiani	96
Mobiliar	102
Mons Caelius	44
Neapel	110, 114
Nero	15ff., 57, 99, 101, 110, 114, 127ff., 142f., 176, 178, 182, 184, 189
Nicomedia	69, 166
Obergeschoss	84
Ochsenkarren	33
Oecus	71

Anhang

Öffentliche Gebäude		89, 140
Orte		
- Capri		83
- Capua		185
- Carrhae		48
- Civitavecchia		164
- Fidena		107
- Herkulaneum		102, 150
- Jerusalem		132
- Karthago		60, 131
- Konstantinopel		60
- Lyon		60, 149
- Neapel		110, 114
- Nicomedia		69, 166
- Ostia		86, 155
- Pompeji	27, 83, 102, 115, 150, 186	
- Tivoli		83
- Tomi		188
- Troja		186
Ostia		86, 155
Ovid	11ff., 73f., 114, 124, 126, 162, 170, 174f., 187f.	
Palatin		114
Papinianus		143
Parther		48
Patron		37
Paulus		143
Peristyl		71
pertica		170
Petronius	11, 33f., 56f., 86, 125, 181f., 189f.	
Phaëthon		12f.
Phaëton		113
Plinius d. Ä.		117, 135, 168
Plinius d. J.	11, 69, 111, 117, 119, 185, 193	
Polizei		57
Pompeius		48
Pompeji		
- Casa del Fauno		27
- Eumachia		148, 186
- Forum		148
- Macellum		148
- Sacellum		148
- Via degli Augustali		148
- Via dell'Abbondanza		148
Pompeji	27, 83, 102, 115, 150, 186	
Portikus		86, 143
Praefectus equitum		185
praefectus urbi		49
Praefectus vigilum		55, 58f.
praefurnium		100
Prätorianer		55
Privathaus		27
Pumpe		176
Pumpen		163
Quirinal		21, 43
Rammbock		177
Regia		43
Republik		23
Res gestae		
- Tatenbericht	11, 30, 62, 66, 138, 184, 186	
Res gestae		23, 30, 43, 184
Ritterstand		55
Römische Autoren		
- Appian		131
- Apuleius		33, 125, 178, 190
- Caesar		183
- Cassius Dio		53
- Flavius Josephus		132
- Frontinus		136
- Horaz		105, 176, 186, 188
- Juvenal	11, 34, 37, 42, 106f., 125f., 152f., 166, 190, 192	
- Livius		25, 188, 194
- Martial	11, 30, 37ff., 44f., 87f., 99, 101, 105, 109f., 121f., 162f., 185, 190ff.	
- Ovid	11ff., 73f., 114, 124, 126, 162, 170, 174f., 187f.	
- Paulus		143
- Petronius	11, 33f., 56f., 86, 125, 181f., 189f.	
- Plinius d. Ä.		135, 168
- Plinius d. J.	11, 69, 111, 117, 119, 185, 193	
- res gestae		184
- Seneca	11, 31, 111, 113, 115, 117, 162, 171, 173, 189f.	

Anhang

- Strabon 24
- Sueton 20, 41, 44, 49, 54, 110, 122, 127, 150, 183
- Symmachus 193
- Tacitus 11, 15, 20, 44, 46, 58, 107, 109ff., 114f., 117, 127, 130, 140f., 143, 150, 160, 166, 176f., 182f., 185, 193
- Ulpian 144
- Velleius Paterculus 46, 50, 185
- Vergil 11ff., 111f., 123f., 130, 167, 171, 174, 186f., 194
- Vitruv 188

Römische Herrscher
- Alexander Severus 143
- Antoninus Pius 158
- Augustus 9, 11, 23, 30, 41, 43f., 46, 48ff., 54, 58, 60ff., 68, 83, 91ff., 114, 138, 140f., 163, 182, 184ff., 188, 192
- Caracalla 143f.
- Domitian 21, 45f., 191
- Elagabal 184
- Lucius Verus 158
- Marc Aurel 158
- Maxentius 46
- Nero 15ff., 57, 99, 101, 110, 114, 127ff., 142f., 176, 178, 182, 184, 189
- Ovid 124
- Septimius Severus 144, 159
- Tiberius 44, 83, 185
- Titus 46, 122, 145, 150
- Trajan 24, 58, 69, 159, 168, 191
- Vergil 123
- Vespasian 45, 57, 145
- Vitellius 45, 57

Sacellum 148
Saepta 155
Sambyke 168
Saturntempel 44
Säule 89
Säulenhalle 83
Säulenhallen 27
scala romana 168
scala 167

Schadensfälle
- Basilica Porcia 43
- Capitolium vetus 43
- Curia 43
- Domus Tiberiana 45
- Jupitertempel 45
- Kapitol 45
- Marsfeld 44
- Mons Caelius 44
- Quirinal 43
- Regia 43
- Saturntempel 44
- Tempel der Venus und Roma 46
- Tempel des Divus Augustus 44
- Vestatempel 43

Schläuche 161
sebaciarius 176
Senatoren 55
Seneca 11, 31, 111, 113, 115, 117, 162, 171, 173, 189f.
Septimius Severus 144, 159
serra 166
sipho 162
siphonarius 163, 176
Skopas 114
Spartacus 169
Spätantike 28
Späte Republik 46
Stadtbezirke 54
Stadtvilla 28
Stationes 54, 56
Steckleiter 168
Strabon 24
Straßenbeleuchtung 33
Sturm 112
sudatorium 100
Sueton 20, 41, 44, 49, 54, 110, 122, 127, 150, 183
Sulla 45
summi viri 186
Symmachus 193
taberna argentaria 43
taberna nova 43

201

taberna vetus	43
taberna	28f., 72, 86
Tablinum	71
Tacitus	11, 15, 20, 44, 46, 58, 107, 109ff., 114f., 117, 127, 130, 140f., 143, 150, 160, 166, 176f., 182f., 185, 193
Tatenbericht	11, 30, 62, 66, 138, 184, 186
tegulae mammatae	100
Tempel der Venus und Roma	46
Tempel des Divus Augustus	44
Tempel	27
tepidarium	99
Therme	
- caldarium	99
- frigidarium	99
- Fußbodenheizung	100
- hypocausis	100
- hypocauston	100
- praefurnium	100
- sudatorium	100
- tegulae mammatae	100
- tepidarium	99
- tubulus	100
- Wandheizung	100
Therme	83, 99
Tiberius	44, 83, 185
Titus	46, 122, 145, 150
Tivoli	83
Tomi	188
Trajan	24, 58, 69, 159, 168, 191
Transtiberim	27
Treppen	84
Tresviri nocturni	47
Tribun	55
Troja	186
tubulus	100
Ulpian	144
Unglück	11
Unwetter	111
Urbanistik	27
Vedius Pollio	73
Velleius Paterculus	50, 185
velum	147

Vergil	11ff., 111f., 123f., 130, 167, 171, 174, 186f., 194
Vespasian	45, 57, 145
Vestatempel	43
Vestibulum	72
Vesuv	111, 114, 150
Vesuvausbruch	117
Via Biberatica	97
Via degli Augustali	148
Via dell´Abbondanza	148
vici magistri	51
vicus	51
Vigiles	9, 11, 14, 35, 41, 53ff., 60, 63, 68, 71, 143, 155, 159, 171, 173, 179
Villa des Cicero	77
Villa des Hadrian	83
Villa des Tiberius	83
villa	71, 73
virtus	187
Vitellius	45, 57
Vitruv	188
Vulkan (Gott des Feuers)	21, 45
Wandheizung	100
Wasserleitung	138f.
Wasserspeicher	138
Wasserversorgung	
- Aquädukt	138
- Brunnen	135, 138
- Wasserleitung	138f.
- Wasserspeicher	138
- Zisterne	135
Wasserversorgung	135
Wegenetz	32
Weichbild	24
Wohnarchitektur	83
Wohnhaus	71
Zenturie	54
Ziegelmauerwerk	71, 84
Zisterne	71, 135
Zwölftafelgesetze	128

Abbildungsnachweis

Abb. 1: Nero, Marmorporträt (Arch. Inst. Freiburg).
Abb. 2: Rom, Stadtplan (Arch. Inst. Freiburg).
Abb. 3: Rom, Rekonstruktion der Bebauung in der Kaiserzeit, nach dem Modell im MdCR, Roma (Arch. Inst Freiburg).
Abb. 4: Pompeji, Garküche, Rekonstruktion (J. Overbeck, Pompeji in seinen Gebäuden, Alterthümern und Kunstwerken[4] (1884) 377 Abb. 183).
Abb. 5: Pompeji, Nebenstraße östlich der Zentralthermen IX 4, 5.10.15.16.18 (Foto privat: Nathalie de Haan).
Abb. 6: Rom, Forumsbereich - Rekonstruktion der Bebauung in der Kaiserzeit, nach dem Modell im MdCR, Roma (Arch. Inst Freiburg).
Abb. 7: Augustus, Marmorporträt (Arch. Inst. Freiburg).
Abb. 8: Pompejanisches Atriumhaus, Rekonstruktion (A. Mau, Pompeji in Leben und Kunst[2] (1908) 251 Abb. 127).
Abb. 9: Pompeji, Haus des L. Tiburtinus (Arch. Inst. Freiburg).
Abb. 10: Pompeji, Haus des Menander, Grundriß (Arch. Inst. Freiburg).
Abb. 11: Wandmalerei mit Villendarstellung (Arch. Inst. Freiburg).
Abb. 12: Rom, Ruine einer Insula beim Kapitol (Arch. Inst. Freiburg).
Abb. 13: Rom, Rekonstruktion der Insula beim Kapitol (Arch. Inst. Freiburg).
Abb. 14: Pompeji, Macellum, Nordseite, Taberna mit Abdruck einer Treppe in der Rückwand (Foto privat: Verfasser).
Abb. 15: Rom, Plan des Forum Romanum (Arch. Inst. Freiburg).
Abb. 16: Rom, Augustusforum und Tempel des Mars Ultor (Arch. Inst. Freiburg).
Abb. 17: Rom, Augustusforum, Rekonstruktion (Arch. Inst. Freiburg).

Anhang

Abb. 18: Rom, Plan der Kaiserforen (Arch. Inst. Freiburg).
Abb. 19: Rom, Mercati Traiani - Rekonstruktion der Anlage, nach dem Modell im MdCR, Roma (Arch. Inst Freiburg).
Abb. 20: Rom, Thermen des Caracalla, Übersicht (Arch. Inst. Freiburg).
Abb. 21: Rom, Thermen des Caracalla, Grundriss (Arch. Inst. Freiburg).
Abb. 22: Pompeji, Lampen aus Ton und Bronze (J. Overbeck, Pompeji in seinen Gebäuden, Alterthümern und Kunstwerken[4] (1884) 432 Abb. 231).
Abb. 23: Pompeji, Mücheninventar (A. Mau, Pompeji in Leben und Kunst[2] (1908) 397 Abb. 222).
Abb. 24: Pompeji, Ofen (J. Overbeck, Pompeji in seinen Gebäuden, Alterthümern und Kunstwerken[4] (1884) 441 Abb. 237).
Abb. 25: Pompeji, Rekonstruktion einer Kline (A. Mau, Pompeji in Leben und Kunst[2] (1908) 390 Abb. 206).
Abb. 26: Pompeji, Übersicht aus Richtung Norden (Arch. Inst. Freiburg).
Abb. 27: Pompeji, Casa del Criptoportico, Ostwand mit Reparatur (Foto privat: Verf.).
Abb. 28: Karthago, Grabungsbezirk (Foto privat: Verf.).
Abb. 29: Rom, Forumsbereich - Rekonstruktion der Wasserzuführung mittels Aquädukt, nach dem Modell im MdCR, Roma (Arch. Inst Freiburg).
Abb. 30: Pompeji, Brunnen an der SO-Ecke des Gebäudes der Eumachia VII 9, 1.67.68 (Foto privat: Verf.).
Abb. 31: Pompeji, Wasserhahn (Arch. Inst. Freiburg).
Abb. 32: Rom, Flavisches Amphitheater, nach dem Modell im MdCR, Roma (Arch. Inst Freiburg).
Abb. 33: Rom, Flavisches Amphitheater, Innenraum (Arch. Inst. Freiburg).
Abb. 34: Rom, Flavisches Amphitheater, Schnitt (Arch. Inst. Freiburg).

Anhang

Abb. 35: Pompeji, Macellum - Haupteingang VII 9, 7.8 (Foto privat: Verf.).
Abb. 36: Pompeji, Macellum - sekundärer Zugang im Süden VII 9, 42 (Foto privat: Verf.).
Abb. 37: Pompeji, Macellum, Grundriß (Verf.).
Abb. 38: Vespasian, Marmorporträt (Arch. Inst. Freiburg).
Abb. 39: Titus; Marmorporträt (Arch. Inst. Freiburg).
Abb. 40: Ostia, Caserma dei Vigili, Grundriß (Arch. Inst. Freiburg).
Abb. 41: Ostia, Caserma dei Vigili, Rekonstruktion (Arch. Inst. Freiburg).
Abb. 42: Römische Kolbenpumpe, Schema (Arch. Inst. Freiburg).
Abb. 43: Rom, Grabmal der Haterier, Relief mit Darstellung eines Krans (Arch. Inst. Freiburg).

STUDIEN ZUR KLASSISCHEN PHILOLOGIE
Herausgegeben von Michael von Albrecht

Band 1 Ulrike Kettemann: Interpretationen zu Satz und Vers in Ovids erotischem Lehrgedicht. 1979.

Band 2 Walter Kißel: Das Geschichtsbild des Silius Italicus. 1979.

Band 3 Peter Smith: Nursling of Mortality. A Study of the Homeric Hymn to Aphrodite. 1981.

Band 4 Änne Bäumer: Die Bestie Mensch. Senecas Aggressionstheorie, ihre philosophischen Vorstufen und ihre literarischen Auswirkungen. 1982.

Band 5 Christiane Reitz: Die Nekyia in den Punica des Silius Italicus. 1982.

Band 6 Markus Weber: Die mythologische Erzählung in Ovids Liebeskunst. Verankerung, Struktur und Funktion. 1983.

Band 7 Karin Neumeister: Die Überwindung der elegischen Liebe bei Properz. (Buch I - III). 1983.

Band 8 Werner Schubert: Jupiter in den Epen der Flavierzeit. 1984.

Band 9 Dorothea Koch-Peters: Ansichten des Orosius zur Geschichte seiner Zeit. 1984.

Band 10 Bernd Heßen: Der historische Infinitiv im Wandel der Darstellungstechnik Sallusts. 1984.

Band 11 Cornelia Renger: Aeneas und Turnus. Analyse einer Feindschaft. 1985.

Band 12 Reinhold Glei: Die Batrachomyomachie. Synoptische Edition und Kommentar. 1984.

Band 13 Nikolaos Tachinoslis: Handschriften und Ausgaben der Odyssee. Mit einem Handschriftenapparat zu Allen´s Odysseeausgabe. 1984.

Band 14 S. Georgia Nugent: Allegory and Poetics. The Structure and Imagery of Prudentius´ *Psychomachia*. 1985.

Band 15 Anton D. Leeman: Form und Sinn. Studien zur römischen Literatur (1954-1984). 1985.

Band 16 Wolfgang Hübner: Die Petronübersetzung Wilhelm Heinses. Quellenkritisch bearbeiteter Nachdruck der Erstausgabe mit textkritisch-exegetischem Kommentar. (Band I-II). 1986.

Band 17 Roland Glaesser: Verbrechen und Verblendung. Untersuchung zum Furor-Begriff bei Lucan mit Berücksichtigung der Tragödien Senecas. 1984.

Band 18 Fritz-Heiner Mutschler: Die poetische Kunst Tibulls. Struktur und Bedeutung der Bücher 1 und 2 des Corpus Tibullianum. 1985.

Band 19 Rismag Gordesiani: Kriterien der Schriftlichkeit und Mündlichkeit im homerischen Epos. 1986.

Band 20 Madeleine Mary Henry: Menander´s Courtesans and the Greek Comic Tradition. 1985. 2. Auflage 1988.

Band 21 Bernd Janson: Etymologische und chronologische Untersuchungen zu den Bedingungen des Rhotazismus im Albanischen unter Berücksichtigung der griechischen und lateinischen Lehnwörter. 1986.

Band 22 Ernst A. Schmidt: Bukolische Leidenschaft - oder Über antike Hirtenpoesie. 1987.

Band 23 Pedro C. Tapia Zúñiga: Vorschlag eines Lexikons zu den Aitia des Kallimachos. Buchstabe "Alpha". 1986.

Band 24 Eberhard Heck: MH QEOMAXEIN oder: Die Bestrafung des Gottesverächters. Untersuchungen zu Bekämpfung und Aneignung römischer religio bei Tertullian, Cyprian und Lactanz. 1987.

Band 25 Manfred Gerhard Schmidt: Caesar und Cleopatra. Philologischer und historischer Kommentar zu Lucan. 10,1-171. 1986.

Band 26 Wolfgang Jäger: Briefanalysen. Zum Zusammenhang von Realitätserfahrung und Sprache in Briefen Ciceros. 1986.

Band 27 Lewis A. Sussman: The Major Declamations Ascribed to Quintilian. A Translation. 1987.

Band 28 Klaus Kubusch: Aurea Saecula: Mythos und Geschichte. Untersuchung eines Motivs in der antiken Literatur bis Ovid. 1986.

Band 29 Helmut Mauch: O laborum dulce lenimen. Funktionsgeschichtliche Untersuchungen zur römischen Dichtung zwischen Republik und Prinzipat am Beispiel der ersten Odensammlung des Horaz. 1986.

Band 30 Karl Meister: Studien zu Sprache, Literatur und Religion der Römer. Herausgegeben von Viktor Pöschl und Michael von Albrecht. 1987.

Band 31 Hubert Müller: Früher Humanismus in Oberitalien. Albertino Mussato: Ecerinis. 1987.

Band 32 Andrea Scheithauer: Kaiserbild und literarisches Programm. Untersuchungen zur Tendenz der Historia Augusta. 1987.

Band 33 Carlos J. Larrain: Die Sentenzen des Porphyrios. Handschriftliche Überlieferung. Die Übersetzung von Marsilio Ficino. Deutsche Übersetzung. 1987.

Band 34 Catherine J. Castner: Prosopography of Roman Epicureans from the Second Century B.C. to the Second Century A.D. 2nd unchanged edition. 1991.

Band 35 Gabriele Möhler: Hexameterstudien zu Lukrez, Vergil, Horaz, Ovid, Lukan, Silius Italicus und der Ilias Latina. 1989.

Band 36 Clara-Emmanuelle Auvray: Folie et Douleur dans Hercule Furieux et Hercule sur l'Oeta. Recherches sur l'expression esthétique de l'ascèse stoïcienne chez Sénèque. 1989.

Band 37 Thomas Weber: Fidus Achates. Der Gefährte des Aeneas in Vergils Aeneis. 1988.

Band 38 Waltraut Desch: Augustins Confessiones. Beobachtungen zu Motivbestand und Gedankenbewegung. 1988.

Band 39 Maria-Barbara Quint: Untersuchungen zur mittelalterlichen Horaz-Rezeption. 1988.

Band 40 Eugene Michael O'Connor: Symbolum Salacitatis. A Study of the God Priapus as a Literary Character. 1989.

Band 41 Michael von Albrecht: Scripta Latina. Accedunt variorum Carmina Heidelbergensia dissertatiunculae colloquia. 1989.

Band 42 Werner Rutz: Studien zur Kompositionskunst und zur epischen Technik Lucans. Herausgegeben und mit einem bibliographischen Nachwort versehen von Andreas W. Schmitt. 1989.

Band 43 Henri Le Bonniec: Etudes ovidiennes. Introduction aux *Fastes* d'Ovide. 1989.

Band 44 Stefan Merkle: Die Ephemeris belli Troiani des Diktys von Kreta. 1989.

Band 45 Michael Gagarin: The Murder of Herodes. A Study of Antiphon 5. 1989.

Band 46 Joachim Fugmann: Königszeit und Frühe Republik in der Schrift De viris illustribus urbis Romae. Quellenkritisch-historische Untersuchungen. 1990.

Band 47 Sabine Grebe: Die vergilische Heldenschau. Tradition und Fortwirken. 1989.

Band 48 Bardo Maria Gauly: Liebeserfahrungen. Zur Rolle des elegischen Ich in Ovids Amores. 1990.

Band 49 Jörg Maurer: Untersuchungen zur poetischen Technik und den Vorbildern der Ariadne-Epistel Ovids.1990.

Band 50 Karelisa V. Hartigan: Ambiguity and Self-Deception. The Apollo and Artemis Plays of Euripides. 1991.

Band 51 Hermann Lind: Der Gerber Kleon in den 'Rittern' des Aristophanes. Studien zur Demagogenkomödie. 1990.

Band 52 Alexandra Bartenbach: Motiv- und Erzählstruktur in Ovids Metamorphosen. Das Verhältnis von Rahmen- und Binnenerzählungen im 5., 10. und 15. Buch von Ovids Metamorphosen. 1990.

Band 53 Jürgen Schmidt: Lukrez, der Kepos und die Stoiker. Untersuchungen zur Schule Epikurs und zu den Quellen von *De rerum natura*. 1990.

Band 54 Martin Glatt: Die 'andere Welt' der römischen Elegiker. Das Persönliche in der Liebesdichtung. 1991.

Band 55 John F. Miller: Ovid's Elegiac Festivals. Studies in the *Fasti*. 1991.

Band 56 Elisabeth Vandiver: Heroes in Herodotus. The Interaction of Myth and History. 1991.

Band 57 Frank-Joachim Simon: Ta; kuvll j ajeivdein. Interpretationen zu den Mimiamben des Herodas. 1991.

Band 58 Arthur J. Pomeroy: The Appropriate Comment. Death Notices in the Ancient historians. 1991.

Band 59 Martina Kötzle: Weibliche Gottheiten in Ovids Fasten. 1991.

Band 60 Glynn Meter: Walter of Châtillon's Alexandreis Book 10–A commentary. 1991.

Band 61 Burghard Schröder: Carmina non quae nemorale resultent. Ein Kommentar zur 4. Ekloge des Calpurnius Siculus. 1991.

Band 62 Michele V. Ronnick: Cicero's Paradoxa Stoicorum. A Commentary, an Interpretation and a Study of Its Influence. 1991.

Band 63 Mary Frances Williams: Landscape in the *Argonautica* of Apollonius Rhodius. 1992.

Band 64 Christine Walde: Herculeus labor. Studien zum pseudosenecanischen Hercules Oetaeus. 1992.

Band 65 Anna Elissa Radke: Harmonica vitrea. 1992.

Band 66 Werner Schubert: Die Mythologie in den nichtmythologischen Dichtungen Ovids. 1992.

Band 67 Karl Galinsky (Hrsg.): The interpretation of Roman poetry. Empiricism or hermeneutics? 1992.

Band 68 Alexander Kessissoglu: Die fünfte Vorrede in Vitruvs De architectura. 1993.

Band 69 Peter Prestel: Die Rezeption der ciceronischen Rhetorik durch Augustinus in De doctrina Christiana. 1992.

Band 70 Ursula Hecht: Der Pluto furens des Petrus Martyr Anglerius. Dichtung als Dokumentation. 1992.

Band 71 Richard Laqueur: Diodors Geschichtswerk. Die Überlieferung von Buch I - V. Aus dem Nachlaß herausgegeben von Kai Brodersen. 1992.

Band 72 Christine Korten: Ovid, Augustus und der Kult der Vestalinnen. Eine religionspolitische These zur Verbannung Ovids. 1992.

Band 73 Kurt Scheidle: Modus optumum. Die Bedeutung des "rechten Maßes" in der römischen Literatur (Republik – frühe Kaiserzeit), untersucht an den Begriffen Modus – Modestia – Moderatio – Temperantia. 1993.

Band 74 Sibylle Tochtermann: Der allegorisch gedeutete Kirke-Mythos. Studien zur Entwicklungs- und Rezeptionsgeschichte. 1992.

Band 75 Hansgerd Frank: *Ratio* bei Cicero. 1992.

Band 76 Günter Klause: Die Periphrase der Nomina propria bei Vergil. 1993.

Band 77 Jelle Bouma: Marcus Iunius Nypsus – Fluminis Varatio / Limitis Repositio. Introduction, Text, Translation and Commentary. 1993.

Band 78 Sabine Rochlitz: Das Bild Caesars in Ciceros *Orationes Caesarianae*. Untersuchungen zur *clementia* und *sapientia Caesaris*. 1993.

Band 79 Anna Lydia Motto / John R. Clark: Essays on Seneca. 1993.

Band 80 Ernst Zinn: Viva Vox. Römische Klassik und deutsche Dichtung. 1993.

Band 81 Hee-Seong Kim: Die Geisttaufe des Messias. Eine kompositionsgeschichtliche Untersuchung zu einem Leitmotiv des lukanischen Doppelwerks. Ein Beitrag zur Theologie und Intention des Lukas. 1993.

Band 82 Tilmann Leidig: Valerius Antias und ein annalistischer Bearbeiter des Polybios als Quellen des Livius, vornehmlich für Buch 30 und 31. 1994.

Band 83 Thomas Zinsmaier: Der von Bord geworfene Leichnam. Die sechste der neunzehn größeren pseudoquintilianischen Deklamationen. Einleitung, Übersetzung, Kommentar. 1993.

Band 84 Victoria Tietze Larson: The Role of Description in Senecan Tragedy. 1994.

Band 85 Eugen Braun: Lukian. Unter doppelter Anklage. Ein Kommentar. 1994.

Band 86 Sabine Wedner: Tradition und Wandel im allegorischen Verständnis des Sirenenmythos. Ein Beitrag zur Rezeptionsgeschichte Homers. 1994.

Band 87 Karlhermann Bergner: Der Sapientia-Begriff im Kommentar des Marius Victorinus zu Ciceros Jugendwerk *De Inventione*. 1994.

Band 88 Angelika Seibel: Volksverführung als schöne Kunst. Die Diapeira im zweiten Gesang der Ilias als ein Lehrstück demagogischer Ästhetik. 1994.

Band 89 Gabriele Ledworuski: Historiographische Widersprüche in der Monographie Sallusts zur Catilinarischen Verschwörung. 1994.

Band 90 Aldo Setaioli: La vicenda dell'anima nel commento di Servio a Virgilio. 1995.

Band 91 James S. Hirstein: Tacitus' Germania and Beatus Rhenanus (1485-1547). A Study of the Editorial and Exegetical Contribution of a Sixteenth Century Scholar. 1995.

Band 92 Thomas Stäcker: Die Stellung der Theurgie in der Lehre Jamblichs. 1995.

Band 93 Egert Pöhlmann: Studien zur Bühnendichtung und zum Theaterbau der Antike. 1995.

Band 94 Barbara Feichtinger: Apostolae apostolorum. Frauenaskese als Befreiung und Zwang bei Hieronymus. 1995.

Band 95 Andreas W. Schmitt: Die direkten Reden der Massen in Lucans Pharsalia. 1995.

Band 96 Burkard Chwalek: Die Verwandlung des Exils in die elegische Welt. Studien zu den *Tristia* und *Epistulae ex Ponto* Ovids. 1996.

Band 97 Axel Sütterlin: Petronius Arbiter und Federico Fellini. Ein strukturanalytischer Vergleich. 1996.

Band 98 Oleg Nikitinski: Kallimachos-Studien. 1996.

Band 99 Christiane Reitz: Zur Gleichnistechnik des Apollonios von Rhodos. 1996.

Band 100 Werner Schubert (Hrsg.): Ovid – Werk und Wirkung. Festgabe für Michael von Albrecht zum 65. Geburtstag. 1999.

Band 101 Martin Korenjak: Die Ericthoszene in Lukans *Pharsalia*. Einleitung, Text, Übersetzung, Kommentar. 1996.

Band 102 Sabine Schäfer: Das Weltbild der Vergilischen *Georgika* in seinem Verhältnis zu *De rerum natura* des Lukrez. 1996.

Band 103 Andreas Pronay (Hrsg.): C. Marius Victorinus: Liber de definitionibus. Eine spätantike Theorie der Definition und des Definierens. Mit Einleitung, Übersetzung und Kommentar. 1997.

Band 104 Paola Migliorini: Scienza e terminologia medica nella letteratura di età neroniana. Seneca, Lucano, Persio, Petronio. 1997.

Band 105 Eva-Carin Gerö: Negatives and Noun Phrases in Classical Greek. An Investigation Based on the *Corpus Platonicum*. 1997.

Band 106 Mercedes Mauch: Senecas Frauenbild in den philosophischen Schriften. 1997.

Band 107 Threni magistri nostri Ioannis Eckii in obitu Margaretae concubinae suae. Untersucht, ediert, übersetzt und kommentiert von Franz Wachinger. 1997.

Band 108 Roland Granobs: Studien zur Darstellung römischer Geschichte in Ovids *Metamorphosen*. 1997.

Band 109 Diane Bitzel: Bernardo Zamagna "Navis Aëria". Eine Metamorphose des Lehrgedichts im Zeichen des technischen Fortschritts. 1997.

Band 110 Joachim Fugmann: Königszeit und Frühe Republik in der Schrift *De viris illustribus urbis Romae*. Quellenkritisch-historische Untersuchung. II,1: Frühe Republik (6./5. Jh.). 1997.

Band 111 Paul Größlein: Untersuchungen zum *Juppiter confutatus* Lukians. 1998.

Band 112 Jula Wildberger: Ovids Schule der 'elegischen' Liebe. Erotodidaxe und Psychagogie in der *Ars amatoria*. 1998.

Band 113 Andreas Haltenhoff: Kritik der akademischen Skepsis. Ein Kommentar zu Cicero, Lucullus 1-62. 1998.

Band 114 Wolfgang Fauth: Carmen magicum. Das Thema der Magie in der Dichtung der römischen Kaiserzeit. 1999.

Band 115 Rosario Guarino Ortega: Los comentarios al *Ibis* de Ovidio. El largo recorrido de una exégesis. 1999.

Band 116 Francesca Prescendi: Frühzeit und Gegenwart. Eine Studie zur Auffassung und Gestaltung der Vergangenheit in Ovids *Fastorum libri*. 2000.

Band 117 Hans Bernsdorff: Kunstwerke und Verwandlungen. Vier Studien zu ihrer Darstellung im Werk Ovids. 2000.

Band 118 Milena Minkova: The Personal Names of the Latin Inscriptions in Bulgaria. 2000.

Band 119 Aurora López / Andrés Pociña: Estudios sobre comedia romana. 2000.

Band 120 Martina Erdmann: Überredende Reden in Vergils Aeneis. 2000.

Band 121 Frank Beutel: Vergangenheit als Politik. Neue Aspekte im Werk des jüngeren Plinius. 2000.

Band 122 Anna Lydia Motto: Further Essays on Seneca. 2000.

Band 123 Javier Velaza: *Itur in antiquam silvam*. Un estudio sobre la tradición antigua del texto de Virgilio. 2001.

Band 124 William E. Wycislo: Seneca's Epistolary *Responsum*. The *De Ira* as Parody. 2001.

Band 125 Christopher Nappa: Aspects of Catullus' Social Fiction. 2001.

Band 126 Christopher Francese: Parthenius of Nicaea and Roman Poetry. 2001.

Band 127 Karelisa V. Hartigan: Muse on Madison Avenue. Classical Mythology in Contemporary Advertising. 2002.

Band 128 Milena Minkova: The Protean *Ratio*. Notio verbi *rationis* ab Ioanne Scotto Eriugena ad Thomam Aquinatem (synchronice et diachronice). 2001.

Band 129 Antje Schäfer: Vergils Eklogen 3 und 7 in der Tradition der lateinischen Streitdichtung. Eine Darstellung anhand ausgewählter Texte der Antike und des Mittelalters. 2001.

Band 130 Christian Rudolf Raschle: Pestes Harenae. Die Schlangenepisode in Lucans Pharsalia (IX 587-949). Einleitung, Text, Übersetzung, Kommentar. 2001.

Band 131 Jörg Schulte-Altedorneburg: Geschichtliches Handeln und tragisches Scheitern. Herodots Konzept historiographischer Mimesis. 2001.

Band 132 Silvia Strodel: Zur Überlieferung und zum Verständnis der hellenistischen Technopaignien. 2002.

Band 133 Francis Robert Schwartz: Lucans Tempusgebrauch. Textsyntax und Erzählkunst. 2002.

Band 134 Rüdiger Niehl: Vergils Vergil: Selbstzitat und Selbstdeutung in der *Aeneis*. Ein Kommentar und Interpretationen. 2002.

Band 135 Andreas Heil: Alma Aeneis. Studien zur Vergil- und Statiusrezeption Dante Alighieris. 2002.

Band 136 Elizabeth H. Sutherland: Horace's Well-Trained Reader. Toward a Methodology of Audience Participation in the *Odes*. 2002.

Band 137 Stephan Hotz: Mohammed und seine Lehre in der Darstellung abendländischer Autoren vom späten 11. bis zur Mitte des 12. Jahrhunderts. Aspekte, Quellen und Tendenzen in Kontinuität und Wandel. 2002.

Band 138 Chrysanthe Tsitsiou-Chelidoni: Ovid, *Metamorphosen* Buch VIII. Narrative Technik und literarischer Kontext. 2003.

Band 139 Rosa García Gutiérrez / Eloy Navarro Domínguez / Valentín Núñez Rivera (eds.): Utopía. Los espacios imposibles. 2003.

Band 140 C. Valerius Flaccus: Argonautica / Die Sendung der Argonauten. Lateinisch / Deutsch. Herausgegeben, übersetzt und kommentiert von Paul Dräger. 2003.

Band 141 Antonio Mauriz Martínez: La palabra y el silencio en el episodio amoroso de la Eneida. 2003.

Band 142 Joachim Fugmann: Königszeit und Frühe Republik in der Schrift "De viris illustribus urbis Romae". Quellenkritisch-historische Untersuchungen. II,2: Frühe Republik (4./3. Jh.). 2004.

Band 143 Zsigmond Ritoók: Griechische Musikästhetik. Quellen zur Geschichte der antiken griechischen Musikästhetik. 2004.

Band 144 Studia Humanitatis ac Litterarum Trifolio Heidelbergensi dedicata. Festschrift für Eckhard Christmann, Wilfried Edelmaier und Rudolf Kettemann. Herausgegeben von Angela Hornung, Christian Jäkel und Werner Schubert. 2004.

Band 145 Monica Affortunati: Plutarco: Vita di Bruto. Introduzione e Commento Storico. Edito da Barbara Scardigli. 2004.

Band 146 Kurt Wallat: *Sequitur clades* – Die Vigiles im antiken Rom. Eine zweisprachige Textsammlung. 2004.

Band 147 Paolo Pieroni: Marcus Verrius Flaccus' *De significatu verborum* in den Auszügen von Sextus Pompeius Festus und Paulus Diaconus. Einleitung und Teilkommentar (154, 19–186, 29 Lindsay). 2004.

www.peterlang.de

Bestellungen: Verlag Peter Lang AG, Moosstr. 1, CH-2542 Pieterlen, Switzerland

Dariusz Brodka

Die Geschichtsphilosophie in der spätantiken Historiographie

Studien zu Prokopios von Kaisareia, Agathias von Myrina und Theophylaktos Simokattes

Frankfurt am Main, Berlin, Bern, Bruxelles, New York, Oxford, Wien, 2004. 255 S.
Studien und Texte zur Byzantinistik. Herausgegeben von Peter Schreiner. Bd. 5
ISBN 3-631-52528-1 · br. € 49.–*

Prokopios von Kaisareia, Agathias von Myrina und Theophylaktos Simokattes haben ein relativ klares und rationales Bild der großen, dramatischen Ereignisse des 6. Jahrhunderts gezeichnet. In ihren Werken kommen sowohl die klassischen Deutungsmuster und Geschichtskonzeptionen als auch die christliche Weltanschauung zum Ausdruck. In der Arbeit wird die Geschichtsphilosophie dieser Historiker untersucht. Gemeint ist damit ein Nachdenken über die Geschichte, über ihren Sinn, ihre Struktur und ihre Mechanismen. Es handelt sich um eine deutende Betrachtung der historischen Vorgänge und Erscheinungen, die auf das Feststellen und Erkennen der Faktoren und Strukturen zielt, die die gegebene Wirklichkeit bilden. Diese Untersuchung will damit zum richtigen Verständnis und zur gerechten Würdigung der spätantiken Historiographie beitragen.

Aus dem Inhalt: Prokopios von Kaisareia: Gott und metaphysische Kräfte in der Geschichte · Willensfreiheit · Strukturmomente des historischen Geschehens · Menschliche Natur · Einzelperson und Masse · Agathias von Myrina: Gott und Mensch: die Triebkräfte des historischen Prozesses · Gott und Natur der Welt · Ethische und rationale Faktoren des historischen Prozesses · Theophylaktos Simokattes: Gott und Geschichte · Weltordnung und Stellung des Menschen im historischen Prozess · Struktur des historischen Prozesses

Frankfurt am Main · Berlin · Bern · Bruxelles · New York · Oxford · Wien
Auslieferung: Verlag Peter Lang AG
Moosstr. 1, CH-2542 Pieterlen
Telefax 00 41 (0) 32 / 376 17 27

*inklusive der in Deutschland gültigen Mehrwertsteuer
Preisänderungen vorbehalten
Homepage http://www.peterlang.de